国家自然科学基金地区项目：技术认知、政策引导与农户化肥减量技术采纳意愿与行为研究：差异识别、行为发生与溢出效应（项目编号：42167070）
国家自然科学基金重点项目：乡村振兴进程中的农村经济转型的路径与规律研究（项目编号：71934003）
财政部和农业农村部：国家现代农业产业技术体系资助（项目编号：CARS-0012）
(Supported by China Agriculture Research of MOF and MARA)
江西省高校人文社科重点研究基地——江西农业大学“三农问题”研究中心
江西农业大学经济管理学院

气候变化对中国油菜生产的影响研究

STUDY ON THE CLIMATE CHANGE IMPACT ON CHINESE OILSEED RAPE PRODUCTION

贺亚琴　冯中朝　著

中国农业出版社
北　京

图书在版编目（CIP）数据

气候变化对中国油菜生产的影响研究 / 贺亚琴，冯中朝著. —北京：中国农业出版社，2022.10

ISBN 978-7-109-30019-4

Ⅰ.①气… Ⅱ.①贺… ②冯… Ⅲ.①气候变化－影响－油菜－油料作物－栽培技术－研究－中国 Ⅳ.①S565.4

中国版本图书馆 CIP 数据核字（2022）第 169836 号

中国农业出版社出版

地址：北京市朝阳区麦子店街 18 号楼

邮编：100125

责任编辑：闫保荣　　文字编辑：何　玮

版式设计：李文强　　责任校对：刘丽香

印刷：北京中兴印刷有限公司

版次：2022 年 10 月第 1 版

印次：2022 年 10 月北京第 1 次印刷

发行：新华书店北京发行所

开本：700mm×1000mm　1/16

印张：10

字数：150 千字

定价：58.00 元

前言

FOREWORD

气候变化问题被认为是当今人类社会面临的最严峻的环境挑战之一。政府间气候变化专门委员会（Intergovernmental Panel on Climate Change，IPCC）发布的第五次气候变化评估报告（The Fifth Assessment Report，AR5）指出，自1950年以来，气候系统监测到的许多变化表明全球气候变暖的事实毋庸置疑。大量的研究证实气候变化对人类社会生产、生活和生态系统已经产生影响，气候变化对农业生产的影响也被逐渐证实。但大量研究集中在气候变化对粮食作物生产的影响，缺乏对油料作物的相关系统研究。油菜（Oilseed Rape，OSR）作为世界第三大食用油来源和第二大蛋白质来源，其生产的稳定与否关系到油菜种植农户的利益、食用油供给的安全以及全球油料贸易的稳定。在气候变化背景下，油菜生产是否受到影响？气候变化对油菜生产投入、单产和种植面积如何影响？可预测的未来气候变化如何影响油菜单产、种植面积和总产量？对这些问题的深入研究将有助于明确气候变化对油菜生产的影响，从而构建有效的应对措施体系，稳定油菜供给。

鉴于此，本书以气候变化对中国冬油菜生产的影响为研究对象，首先对涉及的相关概念进行界定，系统梳理国内外文献，总结研究动态，并对相关理论进行回顾，以确保研究基础。其次，对全球油菜产业发展和中国油菜产业发展状况进行详细阐述，在此基础上，从微观农户层面探讨气候变化对油菜生产过程中化肥和农药投入的影响，明确关键气候因素和关键生长阶段。再次，分析气候变化对油菜单产的影响，并进行区域差异对比和生长阶段对比，确定关键生产区域、关键气候因素和关键生长阶段。随后，分析气候变化对油菜种植面积的影响。最后，预测21世纪中期气候变化对中国油菜单产、种植面积和总产量的影响，针对未来气候变化对油菜总产量的影响以及影响的区域差异性，借鉴国际上应对气候变化的经验，对如何适应和减缓气候变化对油菜生产的影响提出相应的政策建议。

本书得出的主要结论有：

(1) 历史气候变化对大部分地区油菜单产提高不利，对华南沿海、黄淮平原和长江中游地区油菜种植面积增长不利，对云贵高原、四川盆地和长江下游地区油菜种植面积增长有利。

(2) 未来气候变化对华南沿海、四川盆地和长江下游地区油菜单产不利，对黄淮平原、云贵高原、长江中游地区油菜单产有利。未来气候变化对黄淮平原和长江中游地区油菜种植面积不利，对华南沿海、云贵高原、长江下游和四川盆地地区油菜种植面积有利。

(3) 未来气候变化将导致中国油菜减产1.83万～2.63万吨，大致相当于华南沿海地区2013年油菜总产量。

(4) 不同气候因素比较而言，温度对化肥投入的影响最显著，降水对农药投入的影响最显著，油菜生长各阶段对单产有显著影响的关键气候因素因地区而异。

(5) 纬度较低地区的油菜单产更容易因气候变暖而减产，受气候变化的负面影响也更大。

(6) 其他因素方面，劳动力投入对油菜单产影响最大。随着经济进一步发展，劳动力投入对油菜生产的制约性将越来越大。油菜籽临时收储政策有利于油菜种植面积增长，该政策的实施一定程度上提升了农户种植油菜积极性。

研究可能的创新之处体现在三个方面：

(1) 将气候变化对油菜总产量的影响细分为对单产和种植面积的影响。以往相关研究倾向于假定气候变化对作物种植面积无影响，本文将油菜单产和种植面积分别对气候变量和其他经济变量建模，综合气候变化对油菜单产和种植面积的影响，最终得到气候变化对总产量的影响，结果更准确。

(2) 将气候变化对中国油菜生产的影响细分为对各油菜主产区生产的影响，并进行空间区域性差异分析。不同地区油菜单产和种植面积对于气候变化的敏感程度不同，研究结果表明，一些地区油菜单产和种植面积因气候变化增加，而另一些地区油菜单产和种植面积则因气候变化减少。总体而言，气候变化对不同地区的影响互相有所抵消。

(3) 结合作物学知识，将油菜生育期划分为4个生长阶段，并结合经济学相关理论和方法，深入分析油菜各生长阶段气候因素对油菜单产的影响。

目录

CONTENTS

第1章 导　　论

1.1 研究背景

从20世纪80年代开始，气候问题逐渐引起公众关注。1992年5月，《联合国气候变化框架公约》（UNFCCC）（以下简称《公约》）在联合国组约总部通过，并于1994年3月21日正式生效，奠定了应对气候变化国际合作的法律基础。世界气象组织（WMO）和联合国环境规划署（UNEP）于1988年共同组建政府间气候变化专门委员会（International Panel on Climate Change，IPCC）（以下简称IPCC），其任务之一就是定期组织世界各国的科学家评估全球气候变化科学知识的现状，评估气候变化对社会和经济的影响，提出相关的适应与减缓气候变化的可能对策并向联合国气候变化大会提供咨询。至今为止，IPCC分别于1990年、1995年、2001年、2007年和2014年就气候变化趋势、影响及其应对政策措施进行了五次评估。

2014年发布的第五次气候变化科学评估报告（AR5）从大气层、海洋、冰冻层、海平面、碳循环及其他生物地球化学循环角度阐明了气候变化事实。报告显示：①在1880年至2012年的132年间，全球陆地与海洋温度平均上升0.85℃（0.65～1.06℃）；在1901年至2012年的111年间，全球平均降水量变化不均匀，如在北半球的中纬度陆地地区，平均降水量在1951年之后增加（中等可信度），而在其他纬度地区，平均降水量有增有减（低可信度）。与此同时，极端天气事件也发生变化。全球范围内，低温天数与高温天数增加（概率>90%）；在欧洲、亚洲与澳大利亚大部分地区，热浪袭击频率加大（概率>66%）；强降水事件增多的地区越来越多，特别是北美和欧洲，超过了强降水事件减少的地区数量（概率>66%）。②上层海洋（0～700米）平均温度在1971年至2010年之间上涨0.11℃（概率>99%）。③格陵兰与南极洲地区冰盖大量损失，全球范围内冰川面积萎缩，北极海冰与北半球春季积雪面积均下降（高可信度）。④全球平均海平面在1901年至2010年升高0.19米（0.17～0.21米）。⑤自工业革命以来，二氧化碳浓度已上升40%，主要来自化石燃料燃烧，其次来自土地利用模式变化的净排放。其中，海洋吸收了大约30%的人为二氧化碳排放，进一步导致海洋酸化。自1750年以来二氧化碳浓度的上升是导致总辐射强迫[①]（Radiative Forcing，RF）为正的最主要因素。另外，人类活动被认为是温室气体特别是二氧化碳浓度上升的主要原因，进而是导致气候变暖的主要因素（概率>95%）。

与此同时，《京都议定书》和《巴黎协定》等一系列应对全球气候变化的国际公约相继通过。其中，《巴黎协定》于2015年12月12日第21届联合国气候变化大会达成，由近200个缔约方一致同意通过，协定于2020年开始付诸实施。由此可见，无论是科学界还是普通大众，对于气候变化影响的严重性的认知越来越清晰，各国政府对于气候变化的重视程度越来越高。

气候变化带来的影响日益受到关注。学术界主要从水资源、海洋系统、食物保障及食物生产、人类健康和生活水平等方面展开研究。其中，气候变化对食物保障及食物生产的影响主要体现在对作物单产、品种改进、化肥使用、农药使用及农田灌溉等方面。未来气候变化将可能导致全球农作物单产减少、农产品市场价格波动加剧、贫困状况恶化等一系列问

---

① 辐射强迫用来度量某因子对地球-大气系统射入和逸出能量平衡的影响程度。正强迫使地球表面升温，负强迫使其降温。

题。研究表明，历史气候变化趋势对全球小麦和玉米总产有负影响（中等可信度），但对水稻和大豆总产的影响较小（中等可信度）（IPCC，2013）。然而，大量相关研究集中在粮食作物（如水稻、小麦、玉米和大豆等），气候变化对其他重要作物（如油菜、芝麻等）生产的影响并未得到系统的研究。油菜是世界第三大食用油来源和第二大蛋白质来源，同时也是生物柴油的重要来源之一，气候变化对于油菜生产的影响如何尚不清晰。中国是油菜主要生产国，油菜在中国油料生产中也占据重要位置。2014年中国油菜播种面积6 550千公顷，占中国油料播种面积的54.06%，位居第一位（其他4种主要油料作物分别为花生、芝麻、胡麻籽和向日葵，遵循《中国统计年鉴》中的分类方法，将大豆归类为粮食作物），占全球油菜播种面积的18.30%，位居第三位；中国油菜总产量1 160万吨，占中国油料作物总产量的42.12%，位居第一位（虽然花生总产量所占比重高于油菜籽，但若除去花生壳重量所占的比重，用于榨油及食用的花生米总产量所占油料作物总产量的比重大大降低），占全球油菜总产量的16.35%，位居第二位。可见，中国油菜产量的波动将显著影响全球油菜籽供给，并且影响中国食用油供给与油菜种植农户收益。

据联合国粮食与农业组织（Food and Agriculture Organization，FAO）统计，2000—2014年期间世界油菜单产从1 529.40千克/公顷提高至1 982.80千克/公顷，年均增长率为1.87%。同期，中国油菜单产从1 518.59千克/公顷提高至1 960.01千克/公顷，年均增长率为1.84%。影响油菜单产的因素主要包括品种、土壤条件和田间管理等可控因素，以及自然气候因素等不可控因素。以往关于油菜单产影响因素的研究主要关注品种改良、投入要素（如化肥、农药）等可控因素对油菜单产增长的影响，而对于不可控的自然气候因素则视为外生变量。如前所述，在全球气候变化的背景下，气候变化对主要粮食作物单产的影响已经得到广泛研究和证实。但是，气候变化是否对中国油菜单产也有显著影响？如果有影响，具体有什么特点？这些问题均有待进一步深入研究。

2000—2014年，世界油菜播种面积从25 843.90千公顷增长至

35 785.23 千公顷，年均增长率为 2.35%。但是，同期中国油菜播种面积则从 7 494.20 千公顷增长至 7 500 千公顷，年均增长率仅为 0.01%。虽然中国油菜播种面积总体变化幅度不大，但是各油菜主产区的种植面积变化幅度较大，气候变化对各主产区的种植面积变迁是否有影响？如果有影响，其具有什么特点？相关定量研究需要补充。

与此同时，已有研究表明化肥的肥效对环境温度的变化十分敏感，特别是氮肥。温度每增高 1℃，要想保持原有肥效，每次施肥量需增加 4%。同时，气候变暖可能使油菜病虫害的分布区扩大，而冬季温度较高也有利于幼虫安全越冬，这意味着农药的施用量将大大增加（林而达等，2003）。气候变化对油菜生产投入的影响将直接关系到农户的生产效益，然而遗憾的是，相关方面的定量研究同样缺乏。

作为全球主要油菜产品进口国之一，2013 年中国油菜籽进口量为 366.26 万吨，位居世界第二位；菜籽油进口量为 152.68 万吨，位居世界第一位。如果将油菜籽的出油率按照 35%计算，将菜籽油和菜籽粕折算成油菜籽，油菜籽进口量达 821.86 万吨，位居第一位（FAOSTAT）。可见，中国市场的油菜籽总产量对全球油菜籽及产品的贸易格局的影响巨大，未来气候变化对中国油菜籽总产量的影响势必影响到未来的油菜籽进口量。那么，未来中国油菜总产量情况如何？未来气候变化对各地区油菜总产量的影响如何？区域之间是否有差异？如果有差异，这些地区油菜总产量因气候变化增产和减产情况如何？明确承受气候变化不利影响的重点地区，将使得应对措施更加具有针对性。

本书基于以上问题而选题，期待能完善相关研究，为中国油菜生产指导政策的制定提供参考，并供其他油菜生产国借鉴。

1.2 概念界定与指标选取

气候变化（Climate Change，CC）通常指在统计学意义上，气候平均状态持续较长一段时间的变动或巨大改变。《公约》（UNFCCCA）中所指的气候变化指“经过长期的观察，在自然气候变率之外由人类活动直接或间接地改变全球大气组成所导致的气候改变。”（UNFCCCA，1992）而IPCC所指的气候变化是指气候随时间的任何变化，不论是自然变率还是人类活动结果。多数关于气候变化对农业影响研究均采用IPCC这一定义，本书也采用这一定义。

关于哪些指标可以用来代表气候条件，在绝大多数学术研究中，通常采用平均温度和平均降水量这两个指标，或者平均温度、平均降水量和平均光照强度这三个指标。也有少数研究采用干旱指数，其反映温度和降水的综合影响，但是无法将温度和降水的影响分离，所以并不是主流。气候变化对作物单产影响的研究中，多数采用年均气候数据或者作物整个生长期内的月均气候数据（Mendelsohn et al.，1994；王丹，2009；崔静等，2011；吴丽丽等，2015；贺亚琴等，2015），较少采用作物不同生长阶段的气候数据。考虑到作物在不同生长阶段，其对温度、降水和日照时数需求有所不同，从而气候条件在作物不同生长阶段对作物生长的影响也不尽相同，若能结合作物学知识，考察不同生长阶段内气候条件对作物生长的影响，研究结果将更为准确。也有一些学者认为，采用气候平均值忽略了异常气候变动的影响，因此Adams et al.（2003）和Lobell et al.（2007）认为应该在模型中纳入平均日最高气温、日最高气温、日最低气温及生长季累计降水量。然而，Schlenker et al.（2006；2009）认为，应依据农学原理引入积温变量。Fisher et al.（2012）和Robert et al.（2013）等也致力于探讨作物生长季积温变化对单产的影响，进而评估气候变化对作物单产的影响。

综合考虑，本文选取油菜生育期平均温度、累计降水和累积日照时数这三个指标代表气候因素，并将油菜生育期划分为4个生长阶段，进一步考察不同生长阶段气候因素对油菜生产投入和单产的影响。

1.3 问题的提出

本书以中国冬油菜生产为研究对象，系统研究历史气候变化对各油菜主产区生产投入（化肥与农药）、单产和生产布局的影响，并在此基础上预测未来气候变化对各油菜主产区油菜单产、生产布局和总产量的影响，同时预测未来气候变化对中国油菜总产量的影响。本书试图回答以下问题：

（1）气候变化对油菜生产投入的影响。气候变化对油菜生产中化肥与农药投入是否存在显著影响？在油菜不同生长阶段，影响油菜化肥和农药投入量的关键气候因素是什么？

（2）从时间和空间上着手分析历史气候变化和未来气候变化对中国油菜单产的影响。气候变化对不同油菜主产区单产的影响是否存在空间差异？有何差异？影响油菜单产的关键气候因素有哪些（如温度、降水或是日照时数）？另外，气候因素影响油菜单产的关键生育阶段是哪些？未来气候变化对中国油菜单产的影响如何？是否存在空间差异？

（3）历史气候变化和未来气候变化对油菜种植面积的影响。历史气候变化对各主产区油菜种植面积的影响程度是否有差异？有何差异？未来气候变化对中国油菜种植面积的影响如何？是否存在空间差异？

（4）未来气候变化对中国油菜总产量的影响。结合未来气候变化对油菜单产和种植面积的影响，预测未来气候变化对各主产区油菜总产量的影响，并进行区域差异对比。

1.4 研究视角

1.4.1 基本假定

研究基于的基本假定：气候变化空间上的变异可以替代时间上的变异。如前所述，气候变化是指气候平均状态持续较长时间的变动，如年平均温度和年平均降水量在较长时间内的变化，学术研究中一般采用30年或更长时间段的气候数据。就针对作物产量的研究而言，宏观层面上的研究多利用长期气候数据和作物产量数据研究历史气候变化对作物产量的影响，然后利用所得模型来预测未来气候变化对作物产量的影响。同时，也有许多研究利用大样本农户调查数据与详细气候数据进行建模，再利用所得模型来预测未来气候变化的影响。由于微观农户调查数据往往时间不长，因而这类研究通常基于一个重要的假设，即气候变化空间上的变异可以替代时间上的变异，其优点在于考虑了微观农户层面的适应行为的影响，从这个角度而言，利用微观农户数据和气候数据进行建模所得模型的准确度又将有所提升。

1.4.2 研究方法

（1）归纳法：通过归纳中国油菜单产、播种面积及其总产的特征和油菜主产区气候条件特征，对中国油菜生产现状进行分析，作为本文研究的基础。

（2）比较研究：对比分析气候变化对不同油菜主产区油菜生产影响的异同，不同气候因素对油菜生产影响的异同，油菜生长不同阶段气候变化对油菜生产影响的异同。

（3）现代计量经济学方法：主要运用面板数据模型、时间序列模型、空间计量模型等分析工具。

（4）定性分析：在整体上采取了规范分析与实证分析、定性与定量分析相结合的研究方法。

1.4.3 数据来源

本书的数据来源主要有微观农户调查数据、官方统计年鉴数据、网络数据库及其他。

所使用的微观农户调查数据来自国家油菜现代产业技术体系年度调查，为2008年到2013年13个冬油菜主产省的农户油菜生产数据，农户总数共2 566户，来自67个县（区）。调查由各地油菜试验站组织，调研问卷的主要内容包括油菜种植农户的生产情况、投入产出状况、销售情况、种植心理等。所调查的县（区）均为该省油菜主产区，所选择的调查村为该县（区）的油菜主产村，采用随机抽样法选取农户样本。文中将13个冬油菜主产省根据地理及气候特征划分为6个主产区域（表1-1），形成了6个平衡面板数据。调查的省、县（市、区）名单如下。

安徽省：巢湖市居巢区、庐江县、无为县、霍邱县、六安金安区、舒城县、寿县、六安裕安区（8个县、区）。

重庆市：开县、南川区、潼南县、万州区、秀山县、忠县（6个县、区）。

广西壮族自治区：灌阳县、龙胜县、南丹县、全州县、融水县（5个县、区）。

贵州省：金沙县、平坝县、遵义市遵义县、开阳县、湄潭县、思南县、松桃县、铜仁市（8个县、区）。

湖北省：红安县、麻城市、蕲春县、武穴市、浠水县、公安县、监利县、荆州区、石首市、松滋市、谷城县、老河口市、襄州区、宜城市、枣阳市、长阳县、当阳市、宜都市、夷陵区、枝江市（20个县、区）。

湖南省：安乡县、津市市、临澧县、澧县、桃源县、武陵区、醴陵市、浏阳市、南县、沅江市、衡东县、衡南县、衡山县、衡阳县、耒阳市（15个县、区）。

河南省：光山县、固始县、罗山县、平桥区、商城县（5个县、区）。

江苏省：溧阳市、海门市（2个县、区）。

江西省：都昌县、湖口县、九江县、彭泽县、瑞昌市、丰城市、吉安县、永新县、袁州区（9个县、区）。

四川省：崇州市、大邑县、金堂县、蒲江县、新都区、安县、苍溪县、剑阁县、蓬溪县、三台县、巴州区、南部县、恩阳区、平昌县、营山县（15个县、区）。

上海市。

云南省：富宁县、禄丰县、丽江市、临翔区、玉龙县（5个县、区）。

浙江省：安吉县、长兴县、德清县、南浔区、吴兴区（5个县、区）。

气候数据主要来自中国气象科学数据共享服务网。世界和中国油菜生产和消费状况分析数据来自历年《中国统计年鉴》和联合国粮食与农业组织数据库（FAOSTAT）。

表 1-1　冬油菜六大主产区数据概况

区域	包括的省（市）	县（市）数量	农户数（户）
Ⅰ华南沿海	广西	5	111
Ⅱ黄淮平原	安徽、河南	13	302
Ⅲ云贵高原	云南、贵州	13	370
Ⅳ四川盆地	四川、重庆	21	345
Ⅴ长江中游	湖北、湖南、江西	44	1 126
Ⅵ长江下游	江苏、浙江、上海	8	312

1.5 研究框架

全书共 9 章，每一章的主要内容如下：

第 1 章是研究导论。介绍本书的研究背景，并在此基础上提出问题；采取的研究方法和数据来源；研究的框架。

第 2 章是国内外相关研究回顾与评价。对相关概念和指标进行界定；对气候变化对农业生产和油菜生产影响的研究进行综述和评价；对相关研究采用的研究方法进行综述。

第 3 章是理论基础和研究方法。阐述了生产要素理论与生产函数、面板数据计量经济学模型、供给经济学理论与供给反应函数。

第 4 章是油菜产业发展概况及中国冬油菜主产区气候特征。介绍了世界油菜生产、消费与贸易概况；中国油菜生产、消费与贸易概况；中国冬油菜生产布局概况及气候特征。

第 5 章是气候变化对油菜生产投入（化肥和农药投入）的影响。以最大的冬油菜生产地区——长江中游地区为例，分析温度、降水和日照时数等因素对油菜生产化肥和农药投入的影响。

第 6 章是气候变化对油菜单产的影响。构建 6 个面板数据模型，通过对比气候变化对各主产区油菜单产的影响，确定关键生产地区；对比温度、降水、日照时数对油菜单产的影响，确定关键气候因素；明确气候变化在油菜不同生长阶段对油菜单产的影响，确定关键生长阶段。

第 7 章是气候变化对油菜种植面积的影响。分析 1979—2013 年气候变化对各主产区油菜种植面积的影响，进行地区差异化分析。

第 8 章是未来气候变化对中国油菜总产量的影响。借鉴未来气候变化预测结果，结合前几章的研究结论，预测 21 世纪中期气候变化对各主产区油菜单产、生产布局和总产量的影响，并进行区域之间对比，最终预测出未来气候变化对中国油菜总产量的影响。

第 9 章是基本结论、政策建议与研究展望。通过总结本书主要结论，借鉴美国和欧盟在农业方面应对气候变化的经验，提出相应的政策建议，并阐明本研究可能的创新点和不足之处，从而指明未来研究方向。

文献综述

本章首先从农作物产量、农业种植制度和农业生态系统三个方面阐述气候变化对农业生产的影响；其次，以油菜生产为重点，说明气候因素变化对油菜单产和品质影响的机理；再次，总结气候变化对油菜单产影响的研究成果；最后，对相关文献所采用的研究方法进行述评。在其他实证章节中，也有相关文献回顾。

2.1 气候变化对农业生产影响

农业生产与自然气候息息相关，气候变化通过影响作物生长、农田管理、耕作制度、种植结构、病虫害和土地利用等方面影响农业生产活动和农业生态环境（熊伟等，2009）。总的来说，气候变化对农业生产活动的影响主要包括三个方面：农作物产量、农业种植制度和农业生态系统。

2.1.1 对农作物产量的影响

温度、光照、降水等是显著影响作物产量的重要气候要素（武伟等，1993）。目前，关于气候因素对作物单产影响的研究主要集中于自然科学领域，通过开展田间试验研究二氧化碳浓度变化、温度升高以及降水减少等对作物生理、产量、品质等方面影响。相关研究证实，气温、降水等不同的气候因素对作物产量的影响程度因作物种类不同而有所差异，但均达到显著水平（Spiertz et al.，2006；Zhao et al.，2007；Ambardekar et al.，2011)。田云录等（2011）对南京冬小麦进行增温实验的结果表明，增温对冬小麦单产有益。

在野外大田试验条件下，各气候要素之间可能存在的互作效应难以被剔除，但利用作物模拟模型则可有效解决这个问题（Asseng et al.，2011)。如一些学者利用 CERES（Crop Environment Resource Synthesis）系列作物模型模拟气候变化对中国主要粮食作物单产的影响。国内最常用的模型有 CERES-Rice、CERES-Wheat、CERES-Maize 以及在此基础上由多种作物模型综合而成的农业技术决策支持系统 DSSAT（Decision Support System for Agrotechnology Transfer)。许吟隆（1999）在考虑二氧化碳肥效作用下发现温度升高可能使中国主要粮食作物产量不同程度地增加。Brown et al.（1997）利用 EPIC 模型的研究表明，温度对玉米等作物单产均有负向影响，降水量则正好相反。Asseng 等（2011）利用 APSIM-Nwheat 模型的研究结果表明，在小麦生育期内，平均气温每变化 2℃就可能导致澳大利亚小麦减产达到 50%。Krishnan et al.（2007）的研究发现，在一定范围内，水稻单产与二氧化碳浓度呈正相关关系，而若温度上升 4℃会导致增产效果消失。作物模拟模型主要通过探讨光、气温和水等环境气候要素对农作物产量的影响，明确农作物在不同生长阶段对环境要素的响应以及响应的机理（Stockle et al.，2003；Lobell et al.，2013)，但其缺点主要有两个方面。一方面，作物模拟模型中大量参数需要预先设定，而模型参数设定的偏差难以确定，因此模型结果容易受参数设定偏差的影响。另一方面，利用作物模拟模型进行研究得到的结果较少考虑农户适应行为的影响，因此可能高估气候变化的负面影响（Mendelsohn et al.，1994)。

自然科学研究并未将经济和科技发展等社会因素纳入其中，显然表现出一定的不足之处。因此，越来越多的学者开始运用社会经济理论与方法研究各气候因子对农业生产的影响，基于历史统计数据，利用加入温度、降水和日照时数等气候因素的经济模型，研究气候变化对农作物单产或农业利润的影响（Deschenes and Greenstone，2007；Fisher et al.，2012；

Schlenker and Roberts，2006；Wang et al.，2009）。生产函数模型是主要研究方法之一，在传统的柯布—道格拉斯（Cobb—Douglas）生产函数（以下简称C—D生产函数）中引入气候因子（温度、降水、光照等）。与作物模拟模型相比，计量经济模型将农户适应行为的影响纳入分析框架，在计量技术支持下得出的估计结果更准确。但是，利用计量经济模型进行分析也存在不确定性，原因在于实际生产中影响农作物生产的因素较多，选取不同的因素纳入模型以及采取不同的模型形式，均会对结果产生影响。

目前，气候变化对农业产量影响的结论尚不一致。以中国为例，利用Ricardian模型分析气候变化对中国农业的影响，Liu等（2004）的研究表明气候变化对农户土地收益有负影响，而Wang等（2009）则发现气候变化有利于提高农户土地收益。而针对不同农作物，气候变化的影响更是不同。You et al.（2009）发现小麦生长季平均温度每升高1℃，小麦单产降低3%～10%。崔静等（2011）在对1975—2008年间作物生长期气候变化对中国主要粮食作物（一季稻、小麦和玉米）单产的影响进行研究时发现，作物生长期内气温升高对三种粮食单产的影响呈现“倒U型”曲线趋势，温度升高对小麦单产的影响先为正后为负。王丹（2011）的研究结果表明影响中国稻谷生产的气候因子为降水量和日照时数，且对稻谷生产都是负面影响。王宗明等（2007）利用历史数据进行研究发现，与20世纪60年代相比，20世纪70年代至90年代气候变暖对吉林省玉米增产的贡献率均为正值。李秀芬等（2011）发现，过去50年以来，气候变暖有利于黑龙江玉米单产增长，且温度上升对单产增长的贡献率逐渐上升。然而，也有研究表明，由于气候变暖提高了干旱发生概率和病虫害发生概率，玉米生长季平均最高温度增加1℃，可能导致玉米气候产量减少102～192千克/公顷（赵慧颖等，2008；侯琼等，2011）。

大量研究模拟了未来气候变化对农作物单产影响。从自然科学角度展开的模拟研究主要使用作物生长模拟模型，多数研究中采用的预测情景为IPCC发布的排放情景特别报告（SRES）中温室气体排放情景中的A2和

B2 情景，其中 B2 情景与中国未来发展选择最为接近，A2 情景作为高排放情景，主要用于评估在最坏发展状况下气候变化的可能影响。熊伟（2009）在不考虑二氧化碳肥效作用下，采用 CERES-Rice、CERES-Wheat、CERES-Maize 与区域气候模式（RCM）相结合的方式分析得出未来在 A2 和 B2 气候变化情景下，温度上升、降水增加将导致中国三大粮食作物单产水平均下降。Yao 等（2007）将 DSSAT 农业技术决策支持系统与区域气候模式相结合，分析得出在 A2 和 B2 情景下，相对于基准年份（1961—1990 年），气候变化对不同站点的年代际水稻平均产量的影响有正有负。孙卫国等（2011）利用功率谱和交叉小波变换研究近 59 年区域气候变化对华东地区水稻产量的影响和影响水稻产量波动的原因，结果表明，气候变化对水稻产量的影响远大于降水带来的影响，水稻产量波动的主要原因是气候灾害。胡家敏等（2011）采用 CERES-Rice 模型分析黔中高原水稻产量对气候变化的响应，结果发现气候变化导致水稻产量略下降。江敏等（2012）同样利用 CERES-Rice 模型评估未来 2020s 及 2040s 气候变化对福建水稻生产的影响，结果发现水稻生育期缩短且单产减少。而对于东北稻区，气候变暖对水稻单产的影响则是有利的（周丽静，2009）。

另外，一些学者也从经济学角度预测未来气候变化对农业产量的影响，结合经济学模型中温度、降水量的作物产量弹性与未来气候变化情景下的气候因子变动率，计算出未来气候变化对作物增产的贡献率。王馥棠（1996）的研究表明未来气候变暖对湖南、江西、湖北、安徽、江苏等水稻产区的水稻单产有利。王丹（2009）针对未来气候变化对中国三大粮食产量影响的预测结果表明，到 21 世纪中叶，A2 和 B2 情景下气候变化对我国三大粮食产量增产的贡献率均为负。其中，A2 情景下全国粮食产量损失达 16.3%，B2 情景下损失为 14.9%。张建平等（2006）研究发现，华北地区冬小麦的生长期在未来 100 年内可能有所缩短，平均缩短 8.4 天，单产平均减产 10.1%。袁静等（2008）研究表明，在 2080s 气候变化条件下，如果不考虑二氧化碳的肥效作用，临沂地区小麦的大田生育期将会缩短，最终导致单产降低。曹铁华等（2010）发现，至 2020s 气候变化导致的中国玉米单产损失达 7.3 千克/公顷。王宝良等（2010）研究发现，未来气候变暖和降水量区域性减少将加剧中国冬小麦单产波动。姚凤梅（2005）发现温度上升对中国南方水稻产区的单产有不利影响，且南方热带地区产量下降幅度更大，而东北地区、四川盆地和长江流域以北等部分地区水稻气候产量呈增加趋势。这表明，对比纬度较低的地区，纬度较高地区的水稻单产受气候变暖的负面影响较小。权畅等（2013）综合国内外研究进展，发现气候变暖对粮食产量的影响因区域不同而有所差别：气候变暖使北方粮食产区热量资源增加，从而使该区域粮食产量上升；但是对于中国中部和南部地区，气候变暖使作物生长期变短和作物干物质积累减少，从而导致作物单产减少。比如，云贵高原和四川盆地整体增产，而华南地区及长江中下游地区基本减产。马玉平等（2015）利用积分回归方法建立各省区玉米产量与气象因素之间的相关模型，并结合 IPCC 对未来气候变化的预测结果，预测未来 40 年气候变化对不同产区玉米产量的影响。结果表明，如果技术水平保持不变，在气候变化背景下，未来40 年玉米单产以减产为主。

2.1.2 对农作物种植制度的影响

从热量资源角度出发，气候变暖使得平均气温和积温升高，农作物种植界限表现为向高纬度和高海拔地区推移，并且多熟制种植北界向北推移，土地的复种指数提高（史俊通等，1998；张厚瑄，2000；闫慧敏等，2005）。Reyenga 等（2001）利用 APSIM 作物模拟模型研究未来气候变化（包括二氧化碳浓度、温度和降水变化）对南澳大利亚农作物种植布局的影响，结果表明在各种未来气候变化情景下，作物种植北界均向北移动，将可能增加 240 千公顷农作物种植面积。中国主要作物品种的布局也发生了变化。目前玉米杂交种北移现象十分明显，北方冬小麦种植北界北移，且种植面积西扩，比较耐高温的水稻品种将逐渐向北方稻区发展（熊伟等，2009）。赵锦等（2010）通过分析中国南方地区气候要素变化对种植制度界限的影响，发现与 1980 年以前对比，南方一年一熟和一年二熟地区界限变化不明显，但面积有所缩小，而一年三熟地区面积扩大，且气候变化使得南方地区多熟种植界限向北和向西推进。郑小华等（2012）利用陕西近 35 年的气候资料和冬小麦产量资料，建立指标体系，采用模糊综合评判方法和 GIS 分析功能，结果发现，陕西省冬小麦适宜种植面积随着冬季气温升高在扩大，种植北界在北移。曾英等（2007）的研究发现陕西省 20 世纪 80 年代中期后气候变暖明显，冬小麦种植区北界向北推移。郝志新等（2001）和纪瑞鹏等（2003）的研究结果表明，气候变暖也有利于辽宁冬小麦种植北界北移，前者还揭示出影响辽宁省冬小麦种植的关键气候因子分别是越冬前积温、越冬前降水、越冬前负积温和5—6 月降水量。而陈惠等（1999）的研究表明 20 世纪 80 年代后气候变化不利于福建省冬小麦生产。

中国冬油菜产区出现“西移北扩”，冬油菜种植新北界与传统种植北界相比较，向北推进 1 200 千米，纬度由 39° N 提升到 45° N，种植区新北界大抵以吉林南部、内蒙古南部、新疆南部为界限，北方旱寒区超过 50%的地区可以种植冬油菜（周冬梅等，2014）。蒲金涌等（2006）的研究结果表明，20 世纪 80 年代以来，由于气候变暖，甘肃省冬油菜种植带向北推移约 100 千米，种植海拔高度提高 100～200 米，油菜生育期缩短 17～32 天。

2.1.3 对农业系统的影响

对农业系统的影响分析主要侧重于气候变化对多种农业活动的影响（如农户农业生产投入和收入、粮食安全、农产品贸易结构等），分别从社会经济角度、结合自然科学与社会经济角度展开。Parry 等（1988）研究了气候变化对高纬度地区农业生产的影响，首先运用作物模型估计气候变化对几种主要农作物产量的影响，然后将产量模拟的结果输入到经济模型中来评价气候变化对地区农业经济造成的影响，结果表明气候变化对高纬度地区的农业有利。王丹（2011）通过构建 1979—2007 年间中国稻谷主产区的面板数据，分析气候变化对中国稻谷生产的影响，结果表明气候变化对中国稻谷增产的贡献率近 9%，有利于中国粮食安全。

2.2 气候变化对油菜生产的影响

2.2.1 气候变化对油菜单产和品质的影响机理

作物单产和品质的形成由内外因素共同作用，即作物的遗传特性基础和生态环境、农艺措施等。环境因素对作物性状的表达有很大的影响，研究表明，对油菜生长发育影响较大的气象因子分别是温度、降水量、日照时数（侯树敏，2004），其中温度尤为重要，对油菜的生长发育和品质形成起着至关重要的作用（Scarth et al.，1998）。在冬油菜不同生育阶段，温度对其生长发育影响不同。苗期有效积温决定油菜年前绿叶数的数量，进而影响年后分枝数的数量，有效积温越多，年前绿叶数和年后分枝数就越多，从而单产高；在蕾薹期，过高的温度导致油菜主茎生长太快，造成茎薹纤细、中空和弯曲，而过低的温度易导致裂茎和死蕾，可见过高或过低温度均不利于产量形成；在花期，低温会导致受精不良和结实率显著降低甚至无结实；而在成熟期（角果发育期），若遇上30℃以上高温，油菜籽易被高温逼熟，从而使得千粒重显著下降而减产（冷锁虎，1993）。此外，影响油菜生长发育的一个主要温度指标是有效积温（Accumulative Growing Degree Days，AGDD）。研究表明，油菜正常结籽最低积温要求为1 650℃，最低日照时数为400小时（官春云，2001）。在苗期、蕾薹期、花期和成熟期，冬油菜所需要的有效积温分别为959.3℃、294.5℃、314.8℃、575.5℃，分别占油菜生长所需总有效积温的44.8%、13.7%、14.7%、26.8%（汪剑明，1997）。

就油菜籽含油量而言，油菜抽薹期日平均气温与种子含油量呈负相关，而种子形成期的有效积温（日均温度≥3℃）与种子含油量呈正相关（沈惠聪，1989）。在成熟期，16～17℃左右的日平均气温有利于种子脂肪积累，过高的日平均气温导致种子含油量下降（胡立勇，2004）。日照时数通过影响油菜叶绿素含量，对光合作用的强弱和干物质积累产生影响，进而影响油菜单产和品质（王久兴，1998）。降水对油菜籽品质较为关键。花期是油菜对水分最为敏感的时期，油菜营养生长和生殖生长在花期共同进行，在此期间，若油菜遭遇干旱胁迫，会导致油菜籽含油量降低、蛋白质含量增加和硫苷含量提高（Shafii，1992）。

2.2.2 气候变化对油菜单产的影响评估

目前，多数研究关注粮食作物（水稻、小麦和玉米等）产量，而对油菜等作物关注较少。王莎（2014）利用油菜生长模型（APSIM-canola）和 GIS 地理信息系统的空间分析技术分析我国冬油菜主产区（长江流域）的长期气候变化（1951—2009 年）对油菜单产的影响，结果发现，武汉地区和南京地区油菜生长期的气候变化主要是温度升高、日照辐射量降低，而且当温度升高程度过大和降水量减少时，单产有不同程度的下降。在不考虑二氧化碳的肥效作用下，晚播油菜产量与越冬期温度呈负相关，苗期和开花期的缩短是最终导致产量下降的直接因素（王莎，2014）。Butterworth 等（2010）利用作物模型，结合 2020 年和 2050 年英国温度变化情景，按是否施用杀菌剂将油菜分为两类，预测未来气候变暖对油菜单产的影响。结果表明，若施用杀菌剂，未来气候变暖对苏格兰地区油菜单产有正面影响，单产提高幅度最高达 15%；若不施用杀菌剂，未来气候变暖使得英格兰南部地区单产大幅下降。这表明，气候变化特别是温度升高对油菜病虫害会产生较大影响，进而间接影响到单产。Luke Vernon 等（2006）针对气候变化对澳大利亚西部油菜生产的影响的研究结果表明，气候变化将导致未来西澳油菜产量减少 30%。张皓等（2011）利用澳大利亚 APSIM-Canola 油菜模型，研究长江流域气候变化对油菜生产已经造成和未来可能造成影响，结果表明，油菜的雨养产量与蕾苔期、开花期内温度呈显著负相关，与降水量正相关；而且 A2、B2 气候变化情景下油菜单产均随时间推移呈降低趋势。

从社会科学角度展开的研究不多见，极端天气被认为对油菜单产有显著负影响，2010 年中国西南地区和长江流域干旱导致油菜大面积减产

（殷艳等，2012）。吴丽丽等（2015）利用中国冬油菜主产省省级面板数据和气象数据研究发现，1985—2011年间油菜生长期气候变化对油菜单产有显著影响，其中，生长期内月平均温度每升高1℃，油菜单产减少0.74%～2.92%；月平均降水量每减少10毫米，油菜单产增加1.64%～13.61%。贺亚琴等（2015）利用微观农户数据和气候数据，研究2009—2013年温度和降水量对湖北省油菜产量的影响，结果表明，生长期内日平均温度与农户年均油菜产量正相关，日均温每提高1℃，农户年均油菜产量增加5.03%～6.55%；日平均降水量与农户年均油菜产量负相关，日均降水量每增加1毫米，种植户年均产量减少0.27%～1.75%。二者的研究分别利用省级层面单产数据和微观农户层面总产数据，且后者的研究局限于湖北省，研究结果可比性不强。在方法上，二者均采用油菜生长期月或日平均温度和降水量作为气候变量，而实际上不同生长阶段温度和降水量对油菜生长发育的影响不同，若能分别考察各生长阶段气候因素对油菜单产的影响，会使结果更为合理与准确。

2.3 主要研究方法述评

2.3.1 自然科学角度采用的研究方法

自然科学研究方法主要是作物模拟模型，其机理是利用计算机技术并借助数学模型，对作物—土壤—大气系统中作物的生长发育及产量形成与外界环境变动进行动态仿真的过程。目前国际上主要的作物模型有CERES玉米模型、CERES水稻模型、CERES小麦模型、GOSSYM棉花模型、APSIM-油菜模型和SUCROS谷类作物模型。

2.3.2 社会经济角度采用的研究方法

社会经济研究方法主要有：

（1）分析气候变化对作物产量影响时，利用生产函数法，将气候变化因素如温度、降水、光照、二氧化碳浓度等，纳入到传统的C—D生产函数中，或将传统的C—D生产函数进行变换之后加入气候变化因素，如利用超越对数生产函数。

（2）利用Logistic模型分析气候变化对农户生产行为选择的影响，如对作物的选择、家畜品种的选择、农业生产模式的选择等。Seo et al.（2007）在对拉丁美洲农户应对气候变化的行为的研究中发现，拉丁美洲农户在全球气候变暖的情况下会更倾向种植水果和蔬菜，而非小麦和土豆等不适宜在温度较高的环境中生长的作物。

（3）分析气候变化对农业生产收益的影响，主要采用Ricardian评价法。一些学者认为，作物模拟模型和生产函数法对生产者行为的影响考虑不完全，可能高估气候变化的负面影响（Mendelsohn et al.，1994），于是提出新的估计方法即Ricardian评价法。对比生产函数法，Ricardian评价法的优点在于已在评价中考虑到了农户适应气候变化行为的影响，进而获得的结果更准确。在Ricardian评价法提出之后，大量类似研究采用该方法（Mendelsohn and Dinar，1999；Liu et al.，2004；Seo et al.，2005；Schlenker et al.，2005；Seo et al.，2006；Wang et al.，2009；Thapa et al.，2010）。如Thapa等（2010）利用标准Ricardian模型分析得出降水和温度等气候因素的变化对尼泊尔农户单位面积净收益的影响，结果表明，全年降水量增加对农户每公顷净收益有正向促进作用，春秋季节温度升高对农户每公顷净收益有正向促进作用，而冬夏季节温度升高则没有正向作用。

然而，标准的Ricardian模型虽然已考虑到了农户适应气候变化行为，却并未具体指出以及衡量出这些行为的影响。结构Ricardian模型（改进后的标准Ricardian模型）采用两步法，先采用多项Logistic回归分析农户某一种适应气候变化行为与气候变化及其他变量之间的关系，然后计算农户在该适应行为不同选择之下的条件收入。比如，Seo et al.（2006）采用结构Ricardian模型研究气候变化对非洲农业的影响时发现，温度升高情况下农户更倾向于采用种植与畜牧兼顾的农业生产模式，降水量增加会促使农户选择种植雨养作物，而对条件收入的分析则表明，农户更倾向选择的生产模式所带来的收入更高。由此可见，结构 Ricardian 模型综合分析了气候变化对农户生产行为选择的影响和对农户收入的影响，打开了标准 Ricardian 模型中的农户适应行为未知的“黑箱”。

由于采用结构 Ricardian 模型进行综合分析所需要的农户微观调查样本量较大，且模型的采用需要在完全竞争要素产品市场、土地价值长期均衡、市场价格不变等假设条件下进行，目前国内类似研究不多见。因此，从社会经济角度研究气候变化对作物产量的影响是研究其对农业生产影响的主要方向之一。

（4）采用可计算一般均衡模型（Computable General Equilibrium，CGE），模拟未来气候变化情景及减缓政策对农业经济的影响。首先利用已知基期数据，对模型参数进行校准，然后根据气候变化的可能趋势，设计不同的温室气体减排情景，并且评估不同情景下的影响。

综上所述，采用作物模型进行研究的问题在于仅考虑了自然条件变化，而忽略了社会经济因素。生产函数法主要用于分析气候因子与作物产量之间的关系，此方法旨在找出数据之间的规律，背后的经济理论较少。CGE 的优点在于其有相应的经济理论支撑，建立在一般均衡理论基础上，但模型参数的校准对研究结果至关重要。Ricardian 模型考虑了农户的适应行为，对气候变化的影响评估结果较准确，但所需要的农户微观调查样本量较大，且模型的适用条件是要素与产品市场完全竞争、土地价值长期均衡、市场价格不变等，在发展中国家进行的农户调研研究一般利用“农户务农年收益”替代“土地价值”，导致结果准确性降低。

2.4 本章小结

气候变化对农业生产影响的相关研究已非常多，但仍有很多问题值得进一步研究。首先，在研究对象上，绝大多数研究关注水稻、小麦、玉米三大粮食作物，而对于油料等经济作物少有关注。鉴于不同作物对气候变化的反应不同，对粮食作物的研究结果难以照搬到油料作物上。其次，在研究层次上，由于数据可得性问题，大多数研究侧重于宏观层面，如省级层面或国家层面，而微观农户层面的研究较少，且多选取代表性区域，大范围内的微观农户层面的研究更是不足。再次，一般采用农作物生长年或生育期的平均气候数据，而从作物学角度来看，深入考察温度、降水和日照等气候因素在农作物不同生长阶段对其生长的影响更符合常识。

油菜作为中国第一大油料作物和世界第二大油料作物，明确气候变化对中国油菜生产的影响并制定应对措施，对保障食用油供给安全和稳定世界油菜市场具有十分重要的意义。

第3章 研究理论基础和研究方法

3.1 生产要素理论和生产函数

3.1.1 生产要素理论

自20世纪30年代以来，生产要素理论作为新古典经济理论的两大支柱之一，已成为经济学进行分析的基础理论（Humphrey et al.，1997；Ackerberg et al.，2005）。生产要素理论大致产生了以下几个主要学派：

（1）生产要素二元论。17世纪英国著名经济学家威廉·配第（Willian Petty）在《赋税论》中提出“劳动是财富之父，土地是财富之母，”认为财富的最终来源是土地和劳动。他虽然没有明确提出生产要素的概念，但这实际上表明了劳动与土地是主要生产要素的观点，提出了“生产要素二元论”。奥地利经济学家庞巴维克（Eugen Bohm-Bawerk）是正式提出二元论的较著名的经济学家，他在《资本实证论》中否认资本是可以与劳动和自然并立的第三种生产要素，认为之所以会有人将资本作为独立生产要素，是为了合理化的解释利息（庞巴维克，1964）。

（2）生产要素三元论。法国经济学家萨伊（Jean Baptiste Say）把土地、劳动和资本归结为生产的三要素，其在《政治经济学概论》中指出，除了劳动、资本和土地三要素，没有其他因素能生产价值或扩大人类的财富（萨伊，1963）。萨伊认为土地、劳动和资本分别创造地租、工资和利息，之后的多数西方经济学家接受生产要素三元论，但也有经济学家持不同观点。英国经济学家西尼尔（Nassau William Senior）认为资本不是单纯的生产手段，而是生产的结果。他提出劳动、自然、节制（Abstinence）生产要素三元论，以节制取代资本作为第三种生产要素。按照他的解释，节制表示节制欲望，即劳动是工人放弃休息所作的牺牲，资本是资本家放弃享乐所作的牺牲，均是对自己欲望的节制。西尼尔认为没有节制，劳动和自然两者都无法发挥作用（西尼尔，1977）。约翰·穆勒（John Stuart Mill）作为19世纪中叶英国最有影响力的经济学家，也承袭萨伊的观点。

（3）生产要素四元论。在19世纪末20世纪初的西方，英国“剑桥学派”创始人阿尔弗里德·马歇尔（Alfred Marshall）是最著名的经济学家。他在其划时代著作《经济学原理》中指出，资本主要由知识和组织构成，将组织分离算作独立的生产要素会更妥当。而马歇尔所说的组织指资本家对企业的管理和监督，相当于“企业家才能”。不过，马歇尔也意识到，在某种意义上而言，真正的生产要素只有劳动和自然（土地），资本与组织是工作的结果（马歇尔，1983）。

（4）生产要素理论的最新发展。中国学者徐寿波在《技术经济学》中提出人力、财力、物力、自然力、运力和时力等是生产必须同时具备的六个力，这实质上是六个生产要素（徐寿波，2012）。美国的加尔布雷斯（John Kenneth Galbraith）在20世纪60年代提出知识是现代社会中最难替代的生产要素，主张知识作为生产要素。贝克尔认为人力资本是通过人力投资而形成的资本，应作为生产要素。

在西方经济中，生产要素一般可归类为劳动、土地、资本和企业家才能等四种类型。劳动指在生产过程中人类所提供的体力与智力；土地不仅指土地本身，而且包括地上和地下的自然资源；资本包括资本品和货币资本，前者指实物形态资本，如厂房、机器设备等，后者指货币形态资本；企业家才能指企业家组织和管理企业的才能（高鸿业，2006）。生产要素理论的一个基本假定是生产者为理性经济人，其目标是追求最大利润。当然，任何一种理论都存在局限性，生产要素理论也不例外。其存在的缺陷在于：一是“资本”的内涵混乱。资本作为生产要素时指资本品，萨缪尔森（Paul Samuelson）认为资本品指被生产出来的耐用品，主要包括建筑、设备、投入和产出的存货，这些资本品会被投入进一步的生产（萨缪尔森，1999）。但谈及资本市场时，资本又指能带来价值增值的物品，包括股票、债券等金融衍生品。二是“劳动”的概念模糊。在西方经济学中，“劳动”和“劳动力”的差别往往被多数学者所回避，而马克思明确区分了二者，指出劳动力是商品，劳动不是，资本家购买的是“劳动力”。由于本文重点不在此，在后文中不作具体展开。

3.1.2 生产函数

生产函数被定义为一定时期内技术水平不变的情况下，生产中所使用的生产要素的数量与所能生产的最大产量之间的关系。

生产函数的具体形式多种多样，崔永伟等（2012）总结了常用的生产函数形式。其中，较常见的有线性生产函数（固定替代比例的生产函数）、里昂惕夫生产函数（固定投入比例的生产函数）和柯布—道格拉斯生产函数。其中，应用最广泛的生产函数是柯布—道格拉斯生产函数，其由美国数学家柯布（Cobb）和经济学家道格拉斯（Douglas）构造得来，采用的数据是1899—1922年间美国制造业部门的数据，模型反映产出、劳动、资本之间的关系，假设规模报酬不变、技术不变且忽略土地和原材料投入。模型基本形式如下：

$$Y = AL^{\alpha}K^{\beta} \tag{3-1}$$

其中，Y 表示产量，L 和 K 分别为劳动和资本投入量，A、α 和 β 为参数，A 表示技术水平，代表那些影响产量但不归属于劳动和资本的因素，α 和 β 表示 L 和 K 的产出弹性。

C—D 生产函数自提出以来，对它的批判便接踵而来，批判者认为其缺乏理论基础，现实存在性值得怀疑。首先，统计资料上的产量只是诸多产量可能性其中的一个，这一产量是在一定技术条件下，该年度市场上各种力量偶然性地竞争的产物，而非 C—D 生产函数所决定。其次，在柯布和道格拉斯的研究期间，技术在不断变化，并不符合生产函数定义中的技术条件不变的假设（董晓花等，2008）。

尽管如此，C—D生产函数仍然是经济增长分析的主流工具，主要原因是它在实证研究中的适用性。Solow（1966）等认为生产函数的有效性是个经验问题，在实际应用中，经济体是复杂的，模型假设条件能否实现并不重要，重要的是拟合的好坏和估计结果的合理性。一定历史时期的生产函数反映当时的社会生产力水平，C—D生产函数是工业经济时代所构造出的函数模型，不可否认，最初的C—D生产函数已经不能再适应新的经济发展形态，正基于此，许多学者对C—D生产函数作出了修正，重大改进则由美国著名经济学家索洛（Solow）提出，其分离出技术进步对经济增长的贡献，在技术中性的假设下推导出增长速度方程。

3.1.3 在农业生产中的应用与发展

生产函数理论同样适用于农业生产中。农业生产要素可分为自然资源、劳动、资本、科学技术。

土地、水、气候和生物等资源均为自然资源。其中，土地和水资源是最基本和最重要的资源，多数研究集中于此。但是与工业生产相比，农业生产具有的一个显著不同之处在于，其受到气候条件的约束和影响更大。特别是近年来，气候变化的事实和气候变化对农业生产可能产生的影响引起了学术界的关注，将气候要素单独纳入生产函数成为此类研究采用的重要方法。

劳动资源包括体力劳动和脑力劳动。传统意义上农业劳动投入以体力劳动为主，脑力劳动可归为农户的种植和管理水平，而且在目前农业劳动力向非农产业转移的背景下，脑力劳动的重要性日益突出。在农业经济研究中，一般用物质投入如化肥、农药、机械、种子等表示资本要素。随着农业产业内涵的不断变化，农业技术内涵在不断拓展。传统的农业技术主要指人类从大自然获取各种产品或在生产阶段所利用的各项技术的总称，侧重解决产品供给短缺难题。随着生物技术、信息技术等进入现代农业领域，农业技术不仅包括农业自然科学技术，同时包括优化农业生产要素配置方式、提高农业产业组织管理效益的理念和思想等（刘剑飞，2012）。按技术功能分类，农业技术可以分为资源节约型（如品种创新是土地节约型技术）、劳动节约型（如农业机械技术）、资本节约型（如以系统工程为基础的现代农业管理技术）。

目前，在农业经济领域，许多学者采用扩展的C—D生产函数（林逸夫，1992；王丹，2009；房丽萍等，2013；吴丽丽等，2015），也有一些学者利用超越对数生产函数（Translog Production Function）进行研究（崔静等，2011；贺亚琴等，2015）。超越对数生产函数的优点在于：①允许存在非中性技术进步，C—D生产函数、CES（Constant Elasticity of Substitution）生产函数均假定技术中性；②允许要素间替代弹性可变，而C—D生产函数和CES生产函数要素间替代弹性分别为1和常数；③没有对产出弹性为正的假设；④具有很强的包容性。超越对数生产函数其实是任何形式生产函数对数形式的二阶泰勒级数的近似（楼旭妍，2012）。

据前文所述，针对气候变化对农业影响的研究，特别是对农作物产量的研究中，主要的方法就是在生产函数中单独纳入气候因素，这样做的优点在于可以定量研究，但争议在于缺乏理论基础。应该明确的是，我们在说明一种产品的生产函数时，只是指在某一特定时期内物质转化的一种数量关系，是一种客观的自然规律。实质上，我们说明的是投入资源在生产技术上的可行性问题（李相银，1995），诚如Solow（1966）所说，生产函数的有效性是个经验问题，在实际应用中，重要的是拟合的好坏和估计结果的合理性。

3.2 面板数据计量经济学模型方法

计量经济学应用经济学理论和统计技术来分析经济数据，是经济理论、统计学和数学的结合。从逻辑学上，计量经济学是一种经验实证的方法。一般认为，以20世纪70年代为界，计量经济学可分为经典计量经济学和现代计量经济学，而后者又可分为四类：时间序列计量经济学、微观计量经济学、非参数计量经济学和面板数据计量经济学（李子奈等，2010）。顾名思义，面板数据计量经济学模型利用面板数据（Panel Data）。面板数据指在时间序列上取多个截面，即将截面数据和时间序列数据融合之后的数据，具有以下优点：

（1）与截面数据模型相比，由于面板数据模型控制了不可观测经济变量所导致的最小二乘法（OLS）估计偏差，所以其模型参数的样本估计更准确；

（2）与时间序列模型相比，利用更多数据的信息，提高了自由度和有效性，且降低了经济变量间的共线性；

（3）能够更好地检测和度量横截面数据或时间序列数据无法观测到的影响；

（4）面板数据可建立和检验更复杂的行为模型（龙莹等，2010）。

3.2.1 静态面板数据模型

面板数据模型可分为静态面板数据模型和动态面板数据模型。静态面板数据模型包括混合模型、变截距模型、变系数模型，常用的是变截距模型和混合模型。变截距模型包括变截距固定效应模型、变截距随机效应模型。下文中重点介绍变截距固定效应模型（简称固定效应模型）、变截距随机效应模型（简称随机效应模型）和混合模型。

3.2.1.1 固定效应模型（Fixed Effects Regression Model）

固定效应模型包括时点固定效应模型、个体固定效应模型、个体时点双固定效应模型。个体固定效应模型表示模型截距项为随机变量，其分布与解释变量的变化有关，且对 i 个个体有 i 个不同的截距项。时点固定效应模型表示模型截距项为随机变量，其分布与解释变量的变化有关，且对 t 个时点有 t 个不同的截距项。个体时点固定效应模型表示模型截距项为随机变量，其分布与解释变量的变化有关，且对 i 个个体有 i 个不同的截距项，对 t 个时点有 t 个不同的截距项。三种固定效应模型中，个体固定效应最常见。个体固定效应模型具体描述如下：

$$y_{it}=\alpha_i+X'_{it}\beta+\varepsilon_{it},i=1,2,\cdots,N;t=1,2,\cdots,T \quad (3-2)$$

α_i 是随机变量，表示针对 i 个个体，有 i 个不同的截距项，且 α_i 与解释变量 X_{it} 的变化相关。X_{it} 为 $k\times 1$ 阶变量列向量；β 为 $k\times 1$ 阶系数列向量，β 对于不同个体系数相同；y_{it} 表示被解释变量标量，ε_{it} 是误差项标量。利用多方程可以更直观地表示为：

$$\begin{cases} y_{1t}=\alpha_1+X_{1t}\beta+\varepsilon_{1t} \\ y_{2t}=\alpha_2+X_{2t}\beta+\varepsilon_{2t} \\ y_{Nt}=\alpha_N+X_{Nt}\beta+\varepsilon_{Nt} \end{cases} \quad (3-3)$$

3.2.1.2 随机效应模型（Random Effects Regression Model）

随机效应模型中模型截距项同样是随机变量，但其分布与解释变量无关。随机效应模型包括时点随机效应模型、个体随机效应模型和个体时点随机效应模型。其中，最为常用的是个体随机效应模型，其描述如下：

$$y_{it}=\alpha_i+X'_{it}\beta+\varepsilon_{it},i=1,2,\cdots,N;t=1,2,\cdots,T \quad (3-4)$$

其中 α_i 为随机变量，表示针对 i 个个体，有 i 个不同的截距项，α_i 分布与解释变量 X_{it} 不相关。X_{it} 为 $k\times 1$ 阶变量列向量；β 为 $k\times 1$ 阶系数列向量，对于不同个体，β 相同；y_{it} 为被解释变量标量，ε_{it} 是误差项标量。

3.2.1.3 混合模型（Pooled Model）

$$y_{it}=\alpha+X'_{it}\beta+\varepsilon_{it},i=1,2,\cdots,N;t=1,2,\cdots,T \quad (3-5)$$

其中，X_{it} 为 $k\times 1$ 阶变量列向量；β 为 $k\times 1$ 阶系数列向量；y_{it} 为被解释变量标量，ε_{it} 为误差项标量。对于任何个体和时点，截距项 α 和系数 β 都相同。

在估计模型时，如何在混合模型、固定效应模型和随机效应模型三者之间选择，主要利用 F 检验、拉格朗日乘数检验（Lagrange Multiplier Test，简称 LM 检验）和 Hausman 检验。其中，利用 F 检验判定采用混合模型还是固定效应模型；利用 LM 检验来选择混合模型和随机效应模型；利用 Hausman 检验判定利用固定效应模型还是随机效应模型。

3.2.2 动态面板数据模型

动态面板数据模型指为了反映动态滞后效应，将滞后因变量加入面板数据模型右端。动态面板数据模型基本形式如下：

$$y_{it} = \delta y_{i,t-1} + \alpha_i + X'_{it}\beta + \varepsilon_{it}, i = 1,2,\cdots,N; t = 1,2,\cdots,T \tag{3-6}$$

其中，δ 为常数，其他变量解释同式（3-4）或（3-5）。

动态面板数据模型的优点之一在于较好地克服了变量遗漏问题和反向因果性问题。在经济研究应用上，动态面板数据模型可以同时考察经济变量的动态性质和相关因素的影响。值得说明的是，利用动态面板数据模型进行研究时，重要的不仅是滞后因变量的系数，将滞后因变量纳入模型对其他自变量系数估计的一致性和有效性可能也是至关重要的（王津港，2009）。

从动态面板模型的形式可以看出，方程右侧引入的被解释变量的滞后项与个体效应相关，造成估计的内生性问题，若使用静态面板数据模型估计方法，得到的估计量是有偏的。对于动态面板数据模型的估计思路主要有两种：一是采用固定效应模型得到的估计量（Kiviet，1995；Hansen，2001），二是利用广义矩估计方法（Generalized Methods of Moments，简称 GMM）（Hansen，1982）。其中，GMM 估计方法能够直接得到一致性的估计量，因而得到广泛应用。

3.3 供给经济学理论与供给反应函数

3.3.1 供给经济学理论

供给指生产者在一定时期内在各个价格水平上生产和销售某种商品的意愿和能力。影响供给的因素有该商品价格、相关商品价格（替代品或互补品）、投入品价格、技术水平、政策因素及其他因素。其中，该商品价格和相关商品价格是调节市场均衡的重要因素。不同于工业产品，农产品供给对于价格的反应具有更大的滞后性，原因有两点：一是农业生产受自然条件制约，生产周期较长且难以人为控制；二是农业投入要素的专用性更强，难以及时流转（王绎，2014）。

西方古典经济学和新古典经济学认为在既定技术条件和价格具有充分弹性的情形之下，长期总供给曲线垂直，政府应避免干预经济。凯恩斯主义虽然认为长期总供给曲线倾斜或当经济衰退时，政府应干预经济，但古典经济学、新古典经济学、凯恩斯主义经济学均强调需求，假定供给环境给定。事实上，实施凯恩斯主义经济学在20世纪70年代给西方国家带来了失业与通胀率上涨并存的“滞胀”局面。在这样的背景下，供给学派兴起并在20世纪80年代美国里根政府时期得到实践，但其理论基础供给经济学（Supply-side Economics）并未形成完整体系。供给学派强调“供给管理”，主要强调税收中性、减税，减少政府干预，使经济自身增加供给。

从根本上来说，传统的供给经济学实际上秉承了自由主义传统，即“看不见的手”，其与货币主义、理性预期学派等被认为是新自由主义。而以传统的供给经济学为代表的新自由主义实际上仍注重总量调控，忽略以政府为主体的供给侧结构调控，其逻辑是市场平衡与结构问题可由市场自发解决，政府调控基本不必要，主要强调税收中性、减税。然而，传统供给经济学理论同样受到批判。贾康等（2013）认为传统供给经济学派的“完全竞争市场”假设是不实际的，主张新供给经济理论应该把“非完全竞争”及政府行为引为理论前提。当前，中国政府提出“供给侧结构性改革”概念，改善一味刺激需求而带来的产能过剩、楼市库存、债务高企等问题。供给侧结构性改革旨在调整经济结构，从而实现要素配置最优化，促使经济增长的质量和数量的提升。就农业供给而言，2015年中国粮食生产取得“十二连增”，而粮食进口规模依然较高。与此同时，通过托市收储的粮食库存保持高位，呈现生产量、进口量、库存量均增的现象。针对这样的现象，农产品供给侧结构性改革应促进农业生产由重数量转向数量与质量并重，并注重效率提高和市场导向，满足消费者对农产品品种和质量多样化的需求（陈恒，2016）。

3.3.2 供给反应函数

油菜籽供给指油菜籽总产量供给，即收获面积与单产的乘积。一般认为，面积更易受到油菜种植者的主观控制，而种植者的意愿受到价格因素、政策因素的影响。所以，针对农作物面积的研究多基于供给反应函数。而单产更多地受到科技水平、投入资料、气候等因素的影响。在气候变化的背景下，生产者的意愿也会受到气候因素的影响，如在冬油菜生产上，气候变暖会使原先无法种植冬油菜地区的生产者意识到种植的可能性，进而种植冬油菜。

供给反应函数的前提假设是农户理性人，这一假设在学术上颇有争议。农户理性人假设指农民会根据农产品价格升降来增减农产品的供给量，从而做出理性经济行为。然而，有学者对此提出质疑。持这种观点的学者认为，传统农业中农民对农产品价格的反应不敏感，因为对生产决策进行改变可能会带来风险，所以农民为了规避风险而不轻易改变生产决策。如 Schluter et al.（1976）对印度苏拉特地区农作物种植结构变迁进行研究后，发现该地区农民的种植决策对价格的反应不敏感。然而，也有大量研究表明，传统农业中农民是理性的。中国农业正处于大量非农就业、人口自然增长减缓、农业生产结构调整的三大变迁交汇阶段（黄宗智，2006、2007），与一般发达国家或者传统农业国家不同，中国是一个典型的二元经济体国家，农业也处于发展转型期。李谷成等（2009）利用湖北省农户调研数据进行研究，结果表明小农户的生产是有效率的。正如舒尔茨在《改造传统农业》中提出的“理性小农”观念，农民和其他经济主体一样，其生产有目标函数和约束条件，在约束条件下实现最优化资源配置。

供给反应模型经历了从早期的幼稚性价格预期模型，到 Nerlove 适应性预期与局部调整模型（Nerlove，1956）以及 Wickens & Greenfield 模型（Wickens，1973）。其中，应用最广泛的是 Nerlove 模型。Muth

(1961) 最早提出幼稚性价格预期模型，该模型根据上一期农产品市场价格做出当期农业生产决策。这种模型遭到很多学者的质疑。Nerlove (1956) 认为生产者对当年价格的预期应该是不断调整的，于是其构建了基于适应性预期理论的供给反应局部调整模型，并对美国农业生产变动进行研究。Nerlove 分别在 1958 年和 1987 年先后对该模型进行了改进，形成了 Nerlove 模型。该模型同时考虑了适应性预期和局部调整理论，是目前供给反应的计量模型中应用最广泛和成熟的模型。模型的基本形式及推导如下：

当年预期播种面积应该是当年预期种植收益等经济指标与其他因素的函数：

$$A_t^* = \beta_0 + \beta_1 X_t^e + u_t \tag{3-7}$$

其中，A_t^* 是当年预期播种面积，X_t^e 为当年预期种植收益等经济指标（比如绝对价格、相对价格、相对利润率等），u_t 为误差项。该模型的问题在于解释变量与被解释变量均不可观测，所以必须将其变换为可观测变量。利用适应性预期模型和局部调整模型：

$$X_t^e - X_{t-1}^e = \lambda(X_{t-1} - X_{t-1}^e) \tag{3-8}$$

$$A_t - A_{t-1} = \gamma(A_t^* - A_{t-1}) \tag{3-9}$$

定义滞后算子 L 为：

$$LX_t^e = X_{t-1}^e$$

$$LX_t = X_{t-1}$$

$$LA_t = A_{t-1}$$

将滞后算子代入式 (3-8) 和 (3-9)，可得：

$$X_t^e = [1-(1-\lambda)L]^{-1}\lambda X_{t-1}$$

$$A_t^* = \gamma^{-1}A_t - (1-\gamma)\gamma^{-1}A_{t-1}$$

代入原函数，可得：

$$A_t = (1-\gamma)A_{t-1} + \beta_0\gamma + \beta_1\gamma[1-(1-\lambda)L]^{-1}\lambda X_{t-1} + \gamma u_t$$

已知

$$[1-(1-\lambda)L]^{-1} = 1 + (1-\lambda)L + (1-\lambda)^2L^2 + (1-\lambda)^3L^3 + \cdots,$$

因此：

$$A_t = \beta_0\gamma + (1-\gamma)A_{t-1} + \beta_1\gamma\lambda[X_{t-1} + (1-\lambda)X_{t-2} + (1-\lambda)^2 X_{t-3} + \cdots] + \gamma u_t \tag{3-10}$$

上式中已经没有不可观测变量，但是模型有无限个滞后项，在实际应用中仍然无法估计。利用经济学家 Koyck（1954）提出的 Koyck 转换可以将无限项模型转换成有限项模型。考虑一个简单的无限项模型：

$$Y_t = \alpha + \beta_0 X_t + \beta_1 X_{t-1} + \beta_2 X_{t-2} + \cdots + \varepsilon_t \tag{3-11}$$

则

$$Y_{t-1} = \alpha + \beta_0 X_{t-1} + \beta_1 X_{t-2} + \beta_2 X_{t-3} + \cdots + \varepsilon_{t-1}$$

定义 $\beta_i = \beta_0\lambda^i$，则可以得到：

$$Y_{t-1} = \alpha + \beta_0 X_{t-1} + \beta_0\lambda X_{t-2} + \beta_0\lambda^2 X_{t-3} + \cdots + \varepsilon_{t-1}$$

将该式等号两端同乘 λ，再与式（3-11）相减，可得：

$$Y_t = \alpha(1-\lambda) + \beta_0 X_t + \lambda Y_{t-1} + \varepsilon_t - \lambda\varepsilon_{t-1}$$

这就是 Koyck 转换。同理，可以将式（3-10）进行转换得到：

$$A_t = \beta_0\gamma\lambda + [1-\lambda+\lambda(1-\gamma)]A_{t-1} + \beta_1\gamma\lambda X_{t-1} + \gamma u_t - \gamma(1-\lambda)u_{t-1}$$

令

$$\alpha_0 = \beta_0\gamma\lambda$$

$$\alpha_1 = 1-\lambda+\lambda(1-\gamma)$$

$$\alpha_2 = \beta_1\gamma\lambda$$

$$\varepsilon_t = \gamma u_t - \gamma(1-\lambda)u_{t-1}$$

因此模型最终形式为：

$$A_t = \alpha_0 + \alpha_1 A_{t-1} + \alpha_2 X_{t-1} + \varepsilon_t \tag{3-12}$$

如果 X 为价格变量，则供给的短期价格弹性为：

$$\varepsilon_S = \alpha_2 \times \frac{\overline{X}}{\overline{A}} \tag{3-13}$$

供给的长期价格弹性为：

$$\varepsilon_L = \beta_1 \times \frac{\overline{X}}{\overline{A}} \tag{3-14}$$

式（3－13）和（3－14）中，ε_S 和 ε_L 分别为供给的短期和长期价格弹性，$\overline{X}$ 和 $\overline{A}$ 分别表示根据历史数据计算的价格（或其他经济指标）和播种面积的平均值。

3.4 本章小结

本章主要介绍了生产要素理论和生产函数、面板数据计量经济学模型、供给经济学理论和供给反应函数，在后面的章节中将运用这些理论和模型进行实证分析。

第4章 油菜产业发展及中国冬油菜主产区气候特征

油菜是世界上重要的油料作物和大宗饲用蛋白质源，油菜生产对保证食用植物油脂和饲用蛋白质的有效供给有重要影响，也是促进养殖业和加工业等发展的重要保障。菜籽油是优质食用油，含丰富的脂肪酸和多种维生素。油菜籽榨油后的饼粕含蛋白质40%左右，并含有糖类、脂肪、纤维素、矿物质和维生素等，营养价值与大豆饼粕相似，是良好的精饲料。

油菜在可持续发展农业中占有重要地位。首先，油菜是唯一的冬季油料作物，可与水稻、棉花等作物轮作复种，是提高复种指数并促进全年增产增收的优良作物。其次，油菜根系分泌有机酸，可提高土壤中磷的有效性，而且油菜生长阶段大量落叶落花以及收获后的残根和秸秆还田，可显著提高土壤肥力和改善土壤结构。每生产50千克油菜籽相当于为其他作物提供22～28千克硫酸铵、8～10千克磷酸铵和8.5～12.5千克硫酸钾。再次，油菜花期长，是重要的蜜源作物（冯中朝等，2012）。

本章对全球和中国油菜单产、生产布局、总产量以及中国油菜产业在中国油料生产中的地位等内容进行概述，并介绍中国冬油菜主产区气候特征。

4.1 全球油菜产业发展现状

4.1.1 生产状况

2000年以来，全球油菜播种面积[①]和总产量持续增长，从2000年的25 843.90千公顷增长到2014年的35 785.23千公顷，平均年增长率为2.35%；总产量从2000年的3 952.62万吨增长到2014年的7 095.44万吨，平均年增长率为4.27%。对比播种面积和总产量，油菜单产增长幅度稍小，仅从1 529.40千克/公顷增长到1 982.80千克/公顷，平均年增长率为1.87%（图4-1和图4-2）。由此可以看出，种植面积的增长是总产量增长的主要推动因素。

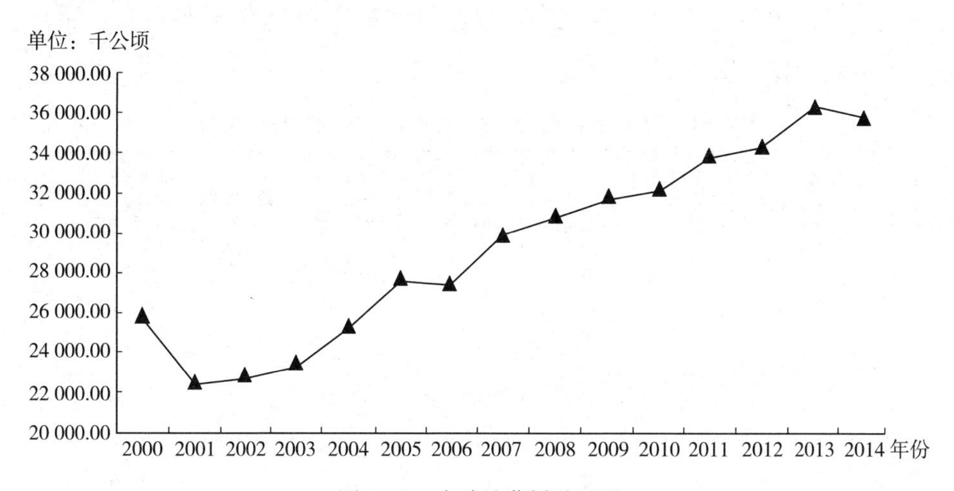

图4-1　全球油菜播种面积

数据来源：联合国粮农组织数据库（FAOSTAT）。

① FAOSTAT对于农作物种植面积的统计口径为“收获面积”，理论上，收获面积与播种面积二者不完全相等，因为农作物在生长过程中可能遭受自然灾害等而损失部分农作物，所以从定义上看，收获面积≤播种面积，但二者之间差距不会太大。由于文章后面用到来自《中国统计年鉴》的油菜种植面积数据，而《中国统计年鉴》中使用“播种面积”作为油菜种植面积。为了保持一致，将FAOSTAT中油菜“收获面积”统称为“播种面积”。

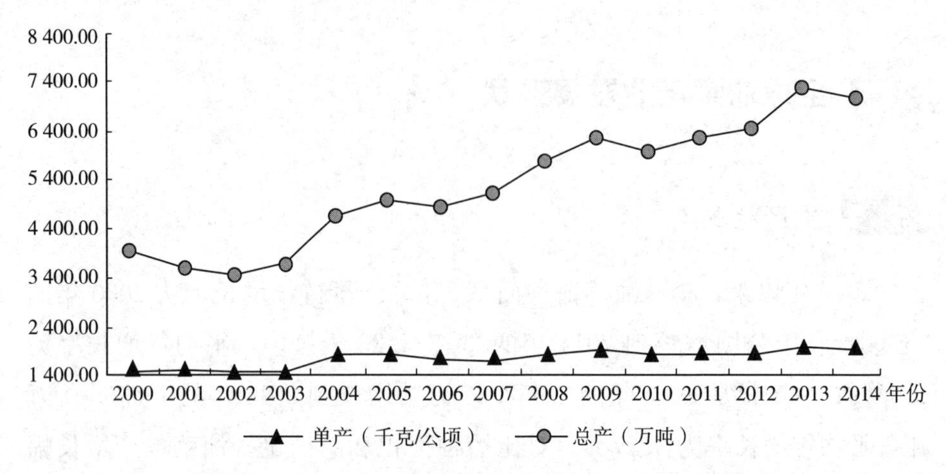

图 4-2　2000—2014 年全球油菜单产和总产变化趋势

数据来源：联合国粮农组织数据库（FAOSTAT）。

在世界油料作物生产结构中，油菜占有重要地位。其中，油菜播种面积占油料作物播种面积 12%左右，总产占油料作物总产 36%左右，而且所占份额均较稳定（表 4-1）。

表 4-1　全球油菜播种面积和总产占全球油料作物比重

变量	年份	单位	油菜	油料作物
播种面积	2000	数值（千公顷）	25 843.90	222 394.20
		比重（%）	11.62	100
	2014	数值（千公顷）	35 785.23	299 157.41
		比重（%）	11.96	100
总产	2000	数值（千公顷）	3 952.62	11 021.64
		比重（%）	35.86	100
	2014	数值（千公顷）	7 095.44	19 778.41
		比重（%）	35.87	100

数据来源：联合国粮农组织数据库（FAOSTAT）。

油菜品种类型主要分为白菜型、芥菜型和甘蓝型，在世界各大洲均有种植。根据生态条件和气候条件，可以分为四个主产区（李然，2009）：

（1）中国。中国位于亚洲大陆东部、太平洋的西岸，耕作水平较高而机械化程度较低是该主产区油菜生产的特点，其单产与世界平均水平相当。按照油菜品种划分，可分为春油菜和冬油菜。春油菜产区主要分布在青藏高原等高海拔与高纬度地区，主要种植白菜型和芥菜型油菜，种植制度为一年一熟，种植面积约占全国油菜总面积的10%。冬油菜产区集中分布在长江流域，种植制度以一年两熟或三熟制为主，种植面积约占全国油菜面积的90%。

（2）印度次大陆。该主产区的油菜栽培历史较悠久，主要种植芥菜型冬油菜（约占80%），其次是白菜型油菜以及少量芸芥、甘蓝型油菜。印度次大陆油菜单产较低。2014年单产约为1 000千克/公顷（FAOSTAT）。

（3）欧洲。欧洲种植油菜的历史有700多年，主要生产国是法国、德国、英国等，除北欧部分地区种植春油菜之外，其他地区以种植甘蓝型冬油菜为主。单产水平很高，居世界领先水平，油菜品种较优质。2014年欧洲油菜平均单产为3 170.19千克/公顷（表4-2），且当年世界油菜平均单产最高的前5个国家均来自欧洲。其中，比利时油菜平均单产最高，达4 795千克/公顷（表4-3）。

（4）加拿大。加拿大自1942年开始引种春油菜，为一年一熟制，种植区主要分布在西部草原。其中，偏北地区以种植白菜型油菜为主，约占油菜总面积的60%；偏南部地区以种植甘蓝型油菜为主，约占油菜总面积的40%。在20世纪80年代，加拿大油菜就实现了优质化。1997—2000年，加拿大油菜种植面积和产量约占世界总量的30%，与中国相当。2001年以后，气候原因等导致种植面积和产量大幅度下降，至2007年才有所回升。2014年加拿大油菜种植面积和产量均为世界第一，分别占世界油菜种植面积和产量的22.56%和21.92%（表4-3），平均单产为1 920.30千克/公顷，略低于世界平均水平（1 982.80千克/公顷）（FAOSTAT）。

2014年世界各大洲油菜播种面积的排名为亚洲>欧洲>美洲>大洋洲>非洲，油菜单产的排名为欧洲>美洲>大洋洲>亚洲>非洲，油菜总产的排名为欧洲>亚洲>美洲>大洋洲>非洲。从总产上看，欧洲、亚洲和美洲三大洲油菜总产占世界油菜总产的比重接近95%（表4-2）。

表 4-2 各大洲油菜播种面积、单产和总产及所占比例（2014 年）

地区	播种面积（千公顷）	占世界比例（%）	总产（万吨）	占世界比例（%）	单产（千克/公顷）	占世界比例（%）
世界	35 785.23	100	7 095.44	100	1 982.80	100
非洲	188.24	0.53	25.34	0.36	1 346.37	67.90
美洲	8 943.12	24.99	1 715.64	24.18	1 918.39	96.75
亚洲	14 815.55	41.40	2 081.38	29.33	1 404.86	70.85
大洋洲	2 723.25	7.61	383.43	5.40	1 407.98	71.01
欧洲	9 115.07	25.47	2 889.65	40.73	3 170.19	159.88

数据来源：联合国粮农组织数据库（FAOSTAT）。

2014 年全球有 65 个国家种植油菜，其中 6 个分布在非洲、8 个在美洲、15 个在亚洲、2 个在大洋洲、34 个在欧洲。2014 年播种面积最大的是加拿大，达 8 074.60 千公顷，占世界油菜总播种面积 22.56%；其次是印度，达 7 200.00 千公顷，占比 20.12%；中国油菜播种面积 6 550.00 千公顷，占比 18.30%。2014 年总产最多的是加拿大，达 1 555.51 万吨，占世界油菜总产 21.92%；其次是中国，达 1 160.00 万吨，占比为 16.35%；再次是印度，达 787.70 万吨，占比为 11.10%。油菜单产最高的前 5 个国家均分布在欧洲，其中，平均单产最高的是比利时，达 4 795.10 千克/公顷（表 4-3）。2014 年中国油菜平均单产 1 771.00 千克/公顷，位列第 43 位；加拿大油菜平均单产 1 926.40 千克/公顷，位列第 36 位；印度油菜平均单产 1 094.00 千克/公顷，位列第 54 位。这三个主产国的平均单产均低于世界平均水平（FAOSTAT）。

表 4-3 油菜播种面积、单产和总产排名前 5 名的国家（2014 年）

国家	播种面积（千公顷）	占世界比重（%）	国家	单产（千克/公顷）	国家	总产（万吨）	占世界比重（%）
加拿大	8 074.6	22.56	比利时	4 795.1	加拿大	1 555.51	21.92
印度	7 200	20.12	德国	4 481	中国	1 160	16.35
中国	6 550	18.3	丹麦	4 267.9	印度	787.7	11.1
澳大利亚	2 721	7.6	瑞典	4 052.1	德国	624.74	8.8
法国	1 503	4.2	捷克	3 949	法国	552.3	7.78

数据来源：联合国粮农组织数据库（FAOSTAT）。

4.1.2 消费状况

从图 4-3 可以看出，2000—2014 年世界油菜籽、菜籽油及菜籽粕的消费量持续增长，油菜籽消费量从 2000 年的 4 048.74 万吨增长到 7 159.00 万吨，平均年增长率均达 4.16%。由于菜籽油和菜籽粕为最终消费产品，所以本节重点分析菜籽油和菜籽粕的消费状况。

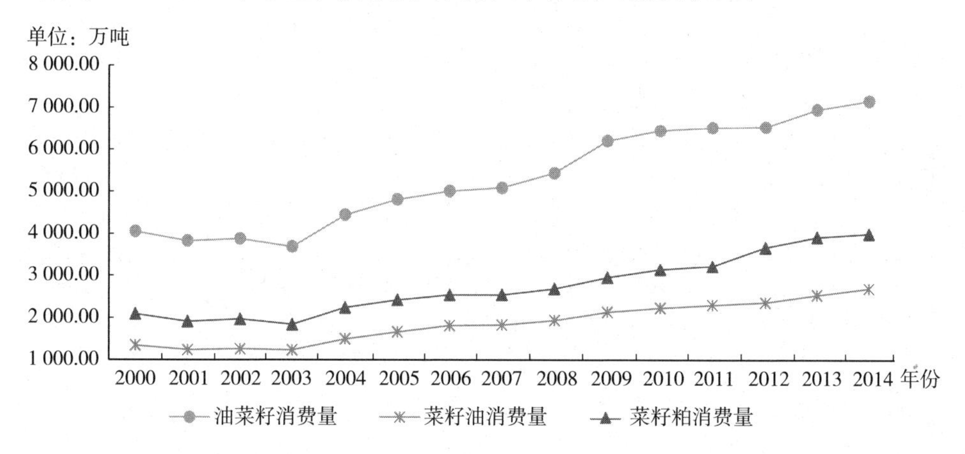

图 4-3 世界油菜籽、菜籽油及菜籽粕消费量（2000—2014 年）

数据来源：2000—2011 年数据来自联合国粮农组织数据库（FAOSTAT），2012—2014 年数据来自美国农业部数据库（USDA）。

2000—2014 年菜籽油消费量从 1 344.14 万吨增长到 2 688.00 万吨，年均增长率 5.07%；人均年消费量持续增长，且在 2003 年之后迅速增加，从 2000 年 2.19 千克/人增长到 2014 年 3.70 千克/人，年均增长率达 3.80%（表 4-4 和图 4-4）。

表 4-4 全球菜籽油消费量和人均年消费量（2000—2014 年）

年份	菜籽油消费量（万吨）	人均年消费量（千克/人）
2000	1 344.14	2.19
2001	1 240.24	2.00
2002	1 260.14	2.01
2003	1 232.95	1.94
2004	1 496.24	2.32

（续）

年份	菜籽油消费量（万吨）	人均年消费量（千克/人）
2005	1 663.08	2.55
2006	1 810.61	2.74
2007	1 826.44	2.73
2008	1 937.05	2.86
2009	2 133.48	3.12
2010	2 228.54	3.22
2011	2 297.60	3.28
2012	2 358.00	3.32
2013	2 534.00	3.53
2014	2 688.00	3.70

数据来源：2000—2011 年数据来自联合国粮农组织数据库（FAOSTAT），2012—2014 年数据来自美国农业部数据库（USDA）。

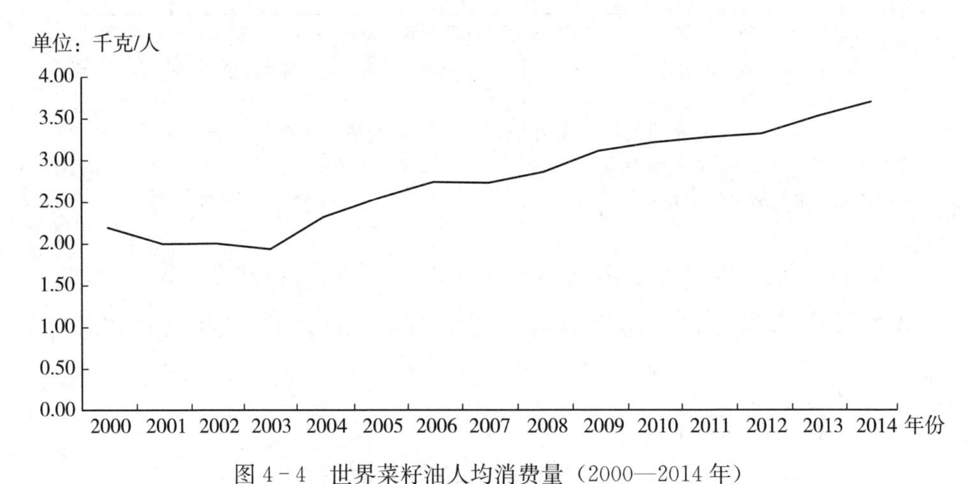

图 4－4　世界菜籽油人均消费量（2000—2014 年）

数据来源：2000—2011 年数据来自联合国粮农组织数据库（FAOSTAT），2012—2014 年数据来自美国农业部数据库（USDA）。

2000—2014 年菜籽粕消费量从 2088.84 万吨增长到 3 995.00 万吨，年均增长率 4.74%；人均年消费量持续增长，且在 2003 年之后迅速增加，从 2000 年 3.41 千克/人增长到 2014 年 5.50 千克/人，年均增长率达 3.47%（表 4－5 和图 4－5）。

表 4-5　全球菜籽粕消费量和人均年消费量（2000—2014 年）

年份	菜籽粕消费量（万吨）	人均年消费量（千克/人）
2000	2 088.84	3.41
2001	1 909.46	3.08
2002	1 963.84	3.13
2003	1 838.75	2.89
2004	2 237.72	3.47
2005	2 416.88	3.71
2006	2 536.31	3.84
2007	2 539.20	3.80
2008	2 684.82	3.97
2009	2 950.94	4.31
2010	3 143.70	4.54
2011	3 220.67	4.59
2012	3 673.00	5.18
2013	3 916.00	5.45
2014	3 995.00	5.50

数据来源：2000—2011 年数据来自联合国粮农组织数据库（FAOSTAT），2012—2014 年数据来自美国农业部数据库（USDA）。

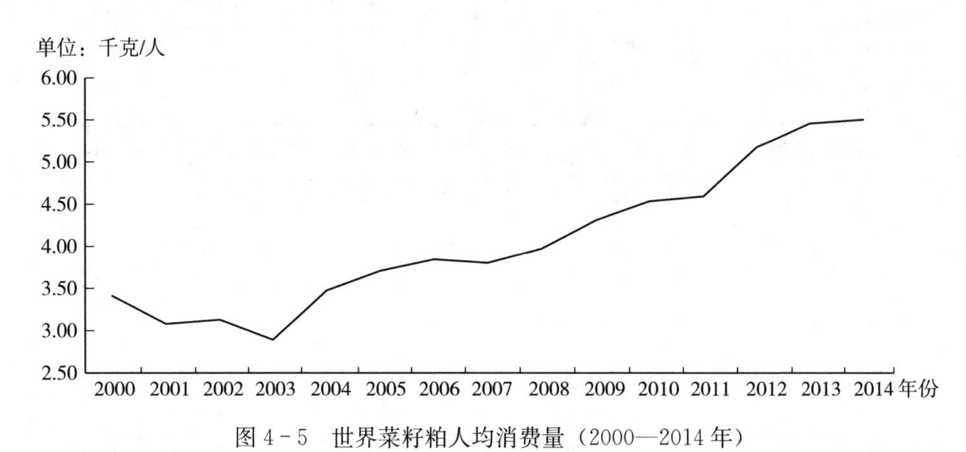

图 4-5　世界菜籽粕人均消费量（2000—2014 年）

数据来源：2000—2011 年数据来自联合国粮农组织数据库（FAOSTAT），2012—2014 年数据来自美国农业部数据库（USDA）。

4.1.3 贸易发展状况

从世界油菜籽及产品的贸易总量（以进口量为例）来看，油菜籽及产品的贸易总量总体上呈增长趋势。2000年油菜籽、菜籽油和菜籽粕贸易总量分别为1 098.41万吨、319.69万吨和445.84万吨，至2011年分别为1 849.18万吨、668.21万吨和911.79万吨，分别增长68.35%、109.02%和104.51%。从2011年开始，贸易总量呈下降趋势，至2014年，油菜籽、菜籽油和菜籽粕的贸易总量分别为1 409.00万吨、391.00万吨和556.00万吨，对比2011年分别下降23.80%、41.49%和39.02%，但相对于2000年，仍然分别增长28.28%、22.30%和24.71%（图4-6）。

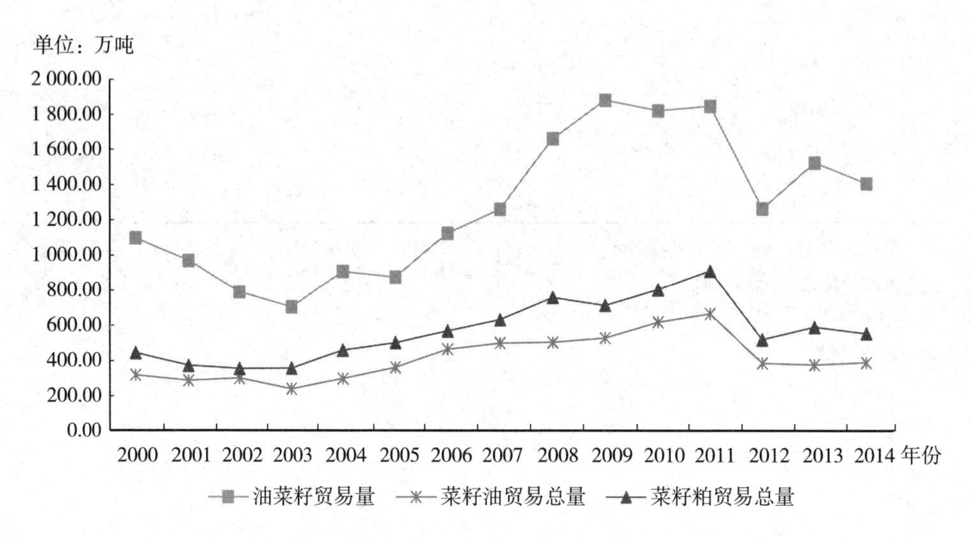

图4-6 世界油菜籽、菜籽油及菜籽粕贸易总量（2000—2014年）

数据来源：2000—2011年数据来自联合国粮农组织数据库（FAOSTAT），2012—2014年数据来自美国农业部数据库（USDA）。

从表4-6可看出，以2012—2015年为例，油菜籽进口量最多的4个国家和地区分别是中国、欧盟、日本和墨西哥，中国连续4年油菜籽进口量排第一位。油菜籽出口量排名前三的国家分别是加拿大、澳大利亚和乌克兰（表4-7）。

表 4-6 油菜籽进口量最多的 4 个国家和地区（2012—2015 年）

单位：万吨

2012		2013		2014		2015	
国家	进口量	国家	进口量	国家	进口量	国家	进口量
中国	342.10	中国	504.60	中国	450.00	中国	330.00
欧盟	337.80	欧盟	349.50	日本	245.00	日本	245.00
日本	249.50	日本	237.80	欧盟	230.00	欧盟	220.00
墨西哥	138.20	墨西哥	148.70	墨西哥	154.00	墨西哥	150.00

数据来源：美国农业部数据库（USDA）。

表 4-7 油菜籽出口量最多的 4 个国家和地区（2012—2015 年）

单位：万吨

2012		2013		2014		2015	
国家	出口量	国家	出口量	国家	出口量	国家	出口量
加拿大	711.00	加拿大	917.50	加拿大	921.40	加拿大	900.00
澳大利亚	372.10	澳大利亚	273.70	澳大利亚	280.90	澳大利亚	245.00
乌克兰	126.90	乌克兰	224.30	乌克兰	196.30	乌克兰	140.00
美国	17.70	欧盟	29.00	欧盟	58.80	欧盟	30.00

数据来源：美国农业部数据库（USDA）。

4.2 中国油菜产业发展状况

4.2.1 生产状况

4.2.1.1 种植面积、单产和总产量趋势分析

油菜是十字花科作物，原产于中国，是中国播种面积最大、地区分布最广的油料作物。2014 年中国油菜播种面积[①] 7 588.00 千公顷，总产量

① 《中国统计年鉴》及《中国农业统计年鉴》中对于跨年作物的播种面积定义如下：当年播种面积以在当年收获的作物面积为准，当年播种来年收获的作物，其面积不算在当年播种面积之内。以油菜为例，2014 年油菜播种面积指 2013 年冬播而 2014 年夏收的冬油菜播种面积，以及 2014 年春播秋收的春油菜播种面积二者之和。

1 477.20 万吨，单产 1 947 千克/公顷（表 4－8）。

如表 4－8、图 4－7 所示，油菜播种面积和总产均在 2007 年达到最低值（5 640 千公顷和 1 057 万吨），随后均开始逐步回升，至 2014 年播种面积和总产分别为 7 588 千公顷和 1 477 万吨，分别较最低年份增加 34.54％和 39.74％。与此同时，对比播种面积和总产，油菜单产的波动平缓，呈现增长趋势。

表 4－8　中国油菜的播种面积、产量和单产及冬油菜所占比重（2000—2014 年）

年份	播种面积（千公顷）	冬油菜面积比例（％）	产量（万吨）	冬油菜产量比例（％）	单产（千克/公顷）
2000	7 494.36	87.98	1 138.06	90.49	1 518.45
2001	7 094.77	90.25	1 133.15	92.62	1 597.05
2002	7 143.30	90.36	1 055.23	90.37	1 477.20
2003	7 221.00	89.42	1 142.00	90.63	1 581.45
2004	7 271.00	89.12	1 318.20	91.04	1 812.90
2005	7 278.00	89.83	1 305.23	91.30	1 793.25
2006	5 984.00	88.18	1 096.70	90.26	1 832.70
2007	5 642.00	89.11	1 057.26	91.38	1 873.80
2008	6 594.00	89.09	1 210.20	90.94	1 835.25
2009	7 278.00	89.84	1 365.70	91.01	1 877.00
2010	7 369.00	90.08	1 308.19	90.90	1 775.00
2011	7 347.00	87.61	1 342.60	91.07	1 827.00
2012	7 432.00	90.03	1 400.70	91.05	1 885.50
2013	7 531.00	90.43	1 445.82	91.28	1919.81
2014	7 588.00	90.35	1 477.20	91.13	1947.00

数据来源：2001—2015 年《中国统计年鉴》。

根据不同种植时间，油菜可分为春油菜和冬油菜，其分界线大抵东起山海关，经长城西行，沿太行山南下至五台山，经陕北过黄河，越鄂尔多斯高原南部，自贺兰山东麓转向西南，经六盘山，再向西至白龙江，穿越横断山区，沿雅鲁藏布江下游大峡谷转折处至国境线。这条分界线略似“厂”字形，其大转折处约在银川平原接贺兰山东麓处，分界线以北以西

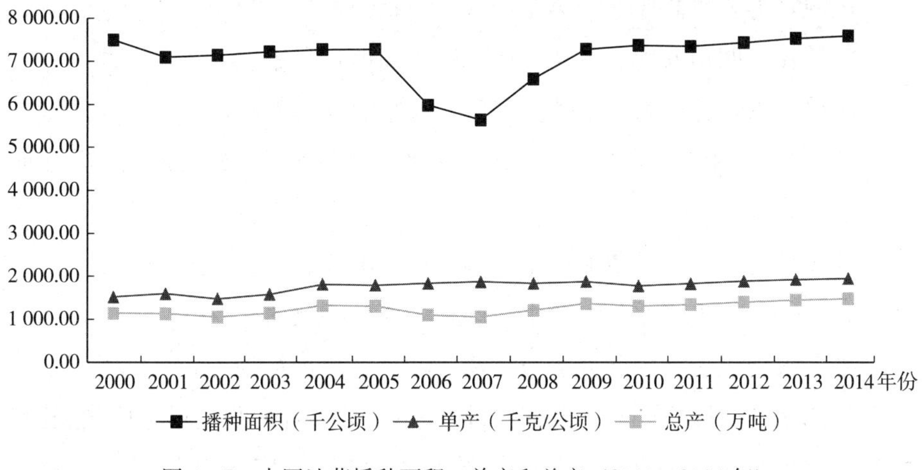

图 4-7 中国油菜播种面积、单产和总产（2000—2014 年）

为春油菜区，以南以东为冬油菜区（张树杰等，2012）。中国以种植冬油菜为主，在北方地区和西北高原地区种植春油菜。

春油菜产区包括青海、西藏、内蒙古、新疆、甘肃、黑龙江、辽宁等省（区），按照气候特征和地理特征可以分为三个亚区，分别是青藏高原（包括青海、西藏）、蒙新内陆（包括内蒙古、新疆、甘肃）、东北平原（包括黑龙江、辽宁）。2014 年春油菜播种面积 732.24 千公顷，总产量 131.02 万吨，分别占全国油菜总播种面积和总产量的 9.65％和 8.87％（表 4-8）。

冬油菜种植区域非常广，2014 年冬油菜播种面积 6 855.00 千公顷，总产量 1 346.10 万吨，分别占全国油菜总播种面积和总产量 90.35％和 91.13％（表 4-8）。可见，冬油菜生产在中国油菜生产中占有十分重要的地位。鉴于此，本文只研究气候变化对冬油菜生产的影响，本节重点介绍冬油菜生产状况。

冬油菜主产区按照气候特征和地域特征可以大致分为 7 个区域（刘后利，2000）：

区域Ⅰ为华南沿海冬油菜生产区，主要包括广西壮族自治区。

区域Ⅱ为黄淮平原冬油菜生产区，包括安徽、河南。

区域Ⅲ为云贵高原冬油菜生产区，包括云南、贵州。

区域Ⅳ为四川盆地冬油菜生产区，包括四川、重庆。

区域Ⅴ为长江中游冬油菜生产区，包括湖北、湖南、江西。此区域是全国最大的冬油菜生产区域，2014 年油菜播种面积占冬油菜总播种面积 45.14%。

区域Ⅵ为长江下游冬油菜生产区，包括浙江、江苏、上海。

区域Ⅶ为黄土高原冬油菜生产区，主要包括陕西。

本书采用这一种划分方法对冬油菜种植区域进行划分。

从图 4－8 可以看出，长江中游地区冬油菜播种面积呈迅速增长趋势，年平均增长率为 4.79%，其他地区增长幅度较缓。增长较明显的是四川盆地亚区，年平均增长率为 3.43%，位居第二位。再次是云贵高原亚区，年平均增长率为 3.04%。黄淮平原和长江下游亚区冬油菜播种面积在 2010 年之后呈下降趋势。

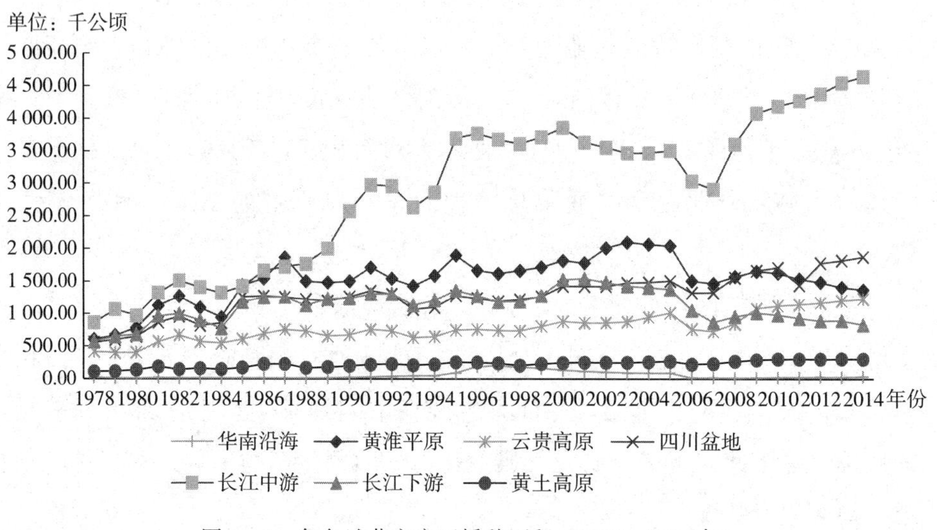

图 4－8　各冬油菜主产区播种面积（1978—2014 年）

从图 4－9 看出，各冬油菜主产区的总产量总体上均呈增长趋势。其中，长江中游亚区冬油菜总产量增长幅度较大，年均增长率 8.08%；其次是云贵高原和四川盆地，年均增长率分别为 7.49%和 5.23%；同播种面积变化趋势，黄淮平原和长江下游亚区总产量在2012年之后呈下降趋势。黄土高原地区冬油菜总产量所占比重较小，但增长幅度较大，年均增长率6.72%。

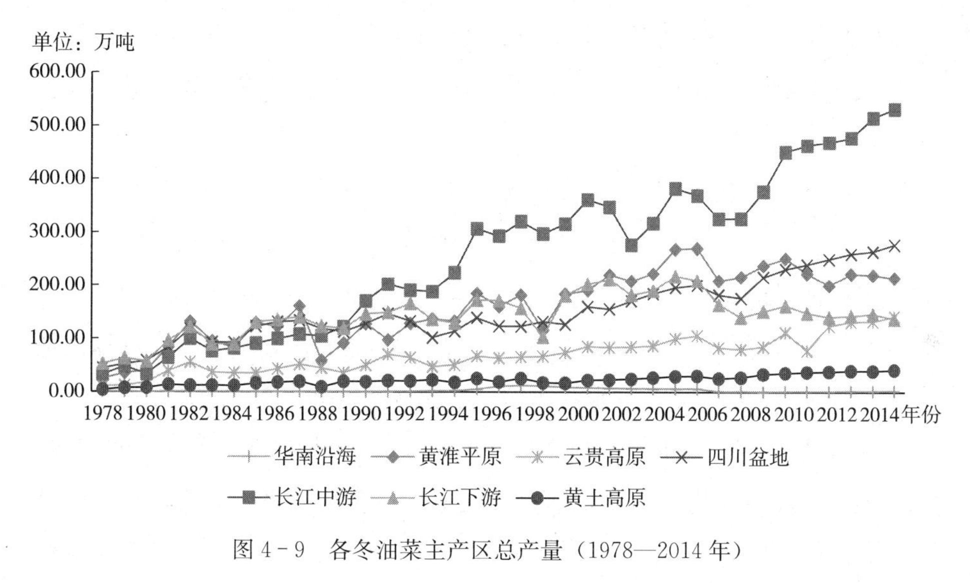

图4-9　各冬油菜主产区总产量（1978—2014年）

从图4-10看出，长江下游亚区的冬油菜单产最高（1 899.55千克/公顷），其次是四川盆地和黄淮平原产区（分别为1 653.87千克/公顷和1 529.22千克/公顷），再次是黄土高原冬油菜产区（1 441.01千克/公顷），而长江中游的冬油菜单产则处于中等偏下水平，其单产仅为

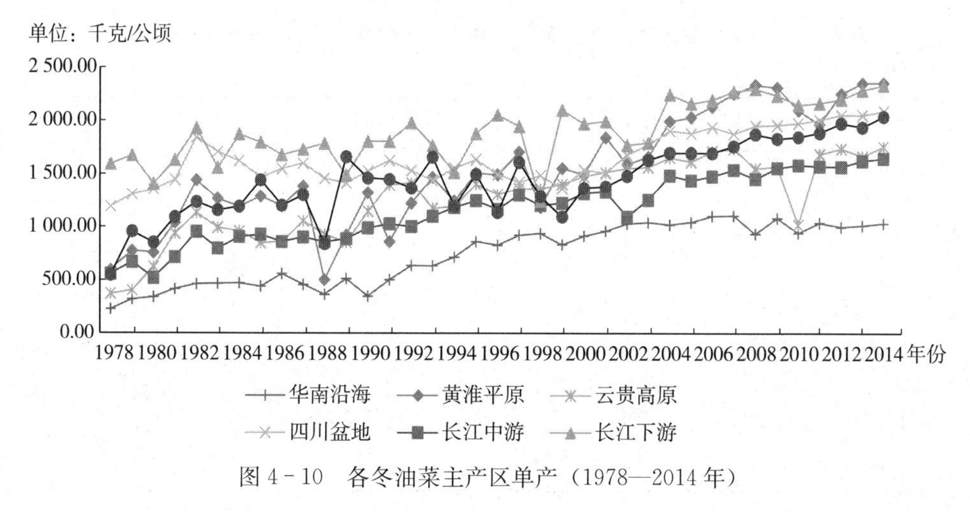

图4-10　各冬油菜主产区单产（1978—2014年）

1 160.31 千克/公顷。

从图 4－10 还可看出，云贵高原油菜的单产年均增长率最高，达 4.41%；其次是华南沿海，达 4.29%。黄淮平原冬油菜产区单产增长水平也较高，达 3.89%。年均增长率最低的两个地区分别是长江下游和四川盆地，可能是由于这两个产区的单产水平本身较高，其增长空间没其他地区大。

4.2.1.2 油菜在油料产业中的地位

中国食用植物油的三大来源是草本油料作物、木本油料作物和兼用型油料作物，目前，草本油料是主要的生产和消费油料，其他兼用型油料和木本油料是次要的。其中，78.20%的国产食用植物油产量来自草本油料作物，19.30%来自兼用型油料作物，2.50%来自木本油料作物。

草本油料作物主要包括油菜、花生、大豆、芝麻、向日葵、胡麻等，均为一年生油料作物。其中，油菜、大豆、花生三大作物面积及总产之和分别占油料作物种植面积和总产的 90%以上，是中国油料生产的主体（由于大豆在分类中属于粮食作物，因此本部分不对大豆进行分析）。

近年来，中国各油料作物的种植面积占油料作物总面积比例、产量占油料作物总产量比例等反映品种结构的指标变化较大，具体如表 4－9、表 4－10 所示。

表 4－9　中国各油料作物播种面积占油料作物总面积比例（2000—2014 年）

单位：%

年份	油菜籽	花生	芝麻	胡麻籽	向日葵	其他
2000	48.66	31.53	5.09	3.23	7.98	3.50
2001	48.51	34.15	5.21	2.77	6.91	2.45
2002	48.38	33.32	5.14	3.07	7.66	2.44
2003	48.17	33.73	4.58	2.99	7.83	2.69
2004	50.39	32.88	4.32	2.87	6.48	3.06
2005	50.84	32.56	4.14	2.78	7.13	2.55
2006	50.17	33.26	4.11	2.63	7.20	2.63
2007	49.86	34.86	4.29	3.00	6.36	1.62

（续）

年份	油菜籽	花生	芝麻	胡麻籽	向日葵	其他
2008	51.41	33.10	3.68	2.63	7.52	1.66
2009	53.31	32.06	3.49	2.47	7.02	1.66
2010	53.13	32.64	3.24	2.31	7.06	1.62
2011	53.04	33.02	3.16	2.34	6.79	1.64
2012	53.35	33.30	3.14	2.28	6.38	1.55
2013	53.71	33.04	2.98	2.23	6.63	1.41
2014	54.06	32.74	3.06	2.24	6.71	1.18

数据来源：《中国统计年鉴（2015）》。

注：遵循《中国统计年鉴》上将大豆归于粮食作物的做法，本书也将大豆归类为粮食作物，所以本表中未列出大豆情况。

表4-10　中国各油料作物产量占油料作物总产量比例（2000—2014年）

单位：%

年份	油菜籽	花生	芝麻	其他
2000	38.52	48.86	2.75	9.88
2001	39.55	50.32	2.81	7.32
2002	36.42	51.14	3.09	9.34
2003	40.63	47.74	2.11	9.52
2004	42.99	46.78	2.30	7.93
2005	42.42	46.61	2.03	8.94
2006	41.53	48.81	2.51	7.15
2007	41.16	50.72	2.17	5.96
2008	40.98	48.38	1.99	8.65
2009	43.30	46.63	1.97	8.10
2010	40.50	48.43	1.82	9.25
2011	40.60	48.53	1.83	9.04
2012	40.76	48.57	1.86	8.81
2013	41.11	48.26	1.77	8.86
2014	42.12	46.99	1.80	9.10

数据来源：由《中国统计年鉴（2015）》数据计算所得。

注：遵循《中国统计年鉴》上将大豆归属于粮食作物的做法，本书也将大豆归类为粮食作物，所以本表中未列出大豆占比情况。

总体来看，我国油菜种植面积占油料作物总面积的比例逐年增长，由2000年的48.66%增长到2014年的54.03%。就产量而言，我国油菜总产量占油料作物总产量的比例由2000年的38.52%增长到2014年的42.12%。虽然花生总产量所占比重高于油菜籽，但若除去花生壳重量所占的比重（一般而言，花生米重量占带壳花生总重量的40%～60%），用于榨油及食用的花生米总产量所占油料作物总产量的比重大大降低。由此可见，油菜是中国种植面积最大、总产量最大的油料作物。

4.2.2 消费状况

在经济发展和居民生活水平提高的背景下，市场对油料产品的需求自然不断提高。菜籽油作为传统食用油，在市场上占食用植物油消费量的20%左右，且消费量持续增长。菜籽粕作为饲料工业的重要原料来源，消费量增长也较快。

从图4-11可以看出，油菜籽、菜籽油、菜籽粕消费量持续增长。油菜籽消费量从2000年的1 272.41万吨增长到2013年的1 813.75万吨，年平均增长率2.76%。从2000年至2007年，油菜籽消费量波动不大，但

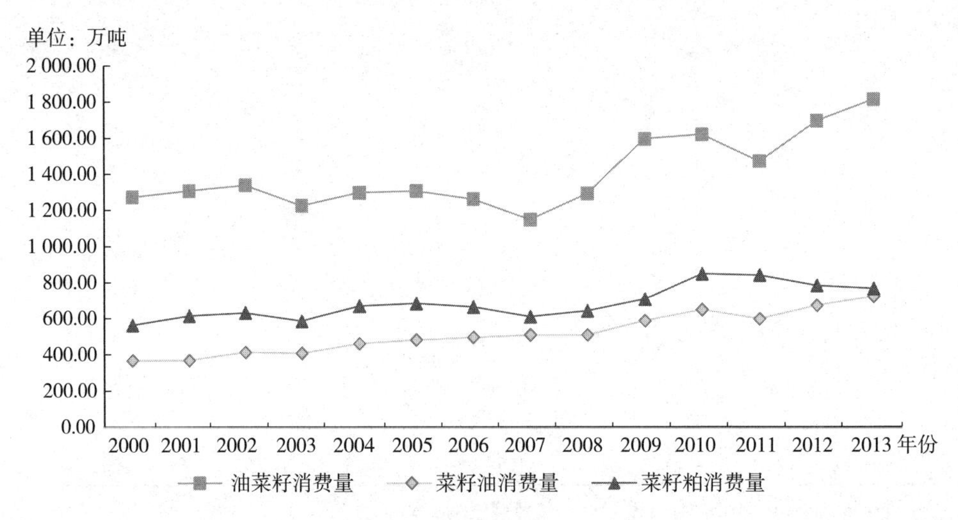

图4-11 中国油菜籽、菜籽油及菜籽粕消费量变化状况（2000—2013年）

数据来源：联合国粮农组织数据库（FAOSTAT）。

2007 年之后迅速增长，年平均增长率 7.93%。

由于菜籽油和菜籽粕为最终消费的产品，所以本节重点分析菜籽油和菜籽粕的消费情况。

4.2.2.1 菜籽油消费状况

菜籽油消费量从 2000 年的 367.34 万吨增长到 2013 年的 721.15 万吨，年平均增长率 5.33%。菜籽油人均年消费量呈现持续增长的趋势，从 2000 年的 2.89 千克/人增长到 2013 年的 5.29 千克/人，年均增长率 4.76%。从食用植物油的消费结构看，菜籽油一直占据重要地位。从 2000 年到 2013 年，菜籽油消费量占食用植物油消费量的比重略有下降，2000—2008 年比重从 27.00%降至 19.80%，随后有所回升，至 2012 年为 22.11%（表 4-11）。

表 4-11 中国菜籽油消费量、人均年消费量及占食用植物油比重（2000—2013 年）

年份	菜籽油消费量（万吨）	人均年消费量（千克/人）	比重（%）
2000	367.34	2.89	27.00
2001	368.03	2.88	26.22
2002	413.09	3.22	24.57
2003	407.37	3.15	20.53
2004	461.22	3.55	21.79
2005	480.65	3.68	21.18
2006	495.56	3.78	21.05
2007	508.23	3.85	20.15
2008	508.26	3.83	19.80
2009	587.26	4.40	20.37
2010	647.53	4.83	22.14
2011	596.72	4.43	20.27
2012	672.09	4.96	20.62
2013	721.15	5.29	22.11

数据来源：联合国粮农组织数据库（FAOSTAT）。

菜籽油的消费量在不同地区存在较大差异。一般来说，油菜籽主产区基本是菜籽油的主要消费地区（田圣炳，2006；王永刚，2006）。由于华东和华中地区所在的长江流域是中国最大的冬油菜产区，菜籽油的消费集中在这些地区（江苏、浙江、安徽、湖北、湖南、江西等）。

4.2.2.2 菜籽粕消费状况

菜籽粕（又名菜籽饼）是饲料工业的重要原料来源，其消费量增长较快。菜籽粕消费量从2000年的562.94万吨增长到2013年的765.73万吨，年均增长率为2.39%；人均年消费量从2000年的4.43千克/人增长到2013年的5.62千克/人，年均增长率为1.84%（表4-12）。

表4-12 中国菜籽粕消费量及人均年消费量（2000—2013年）

年份	菜籽粕消费量（万吨）	人均年消费量（千克/人）
2000	562.94	4.43
2001	613.93	4.81
2002	631.01	4.91
2003	585.60	4.53
2004	668.87	5.15
2005	683.06	5.23
2006	663.86	5.06
2007	609.71	4.62
2008	641.46	4.84
2009	707.13	5.30
2010	847.59	6.32
2011	840.02	6.23
2012	782.53	5.77
2013	765.73	5.62

数据来源：联合国粮农组织数据库（FAOSTAT）。

菜籽粕消费量的快速增长与畜牧业的发展相关。随着经济的发展和居民生活水平的提高，中国市场对畜禽肉制品的需求迅速增长。畜牧业的发展推动饲料工业的快速发展，菜籽粕作为当前国内饲料生产的主要原料之一（其他三种主要原料分别是豆粕、花生粕和棉籽粕），消费量也明显增加。

4.2.3 贸易发展状况

近年来，国产油菜籽无法满足国内市场的需求，缺口增长趋势明显，2013年更是创下新高，达367.93万吨（表4-13和图4-12）。另外，相比油菜籽需求缺口波动较大，菜籽油需求缺口持续增加，并且2011年以后增长速度加快，从2011年的78.88万吨增加到2013年的160.81万吨（表4-14和图4-13）。

表4-13 中国油菜籽需求量及国产油菜籽产量（2000—2013年）

单位：万吨

年份	油菜籽需求量	国产油菜籽产量	油菜籽需求缺口
2000	1 272.41	1 138.06	134.35
2001	1 306.92	1 133.14	173.78
2002	1 338.15	1 055.22	282.93
2003	1 224.91	1 142	82.91
2004	1 297.39	1 318.17	−20.79
2005	1 306.49	1 305.23	1.26
2006	1 261.89	1 096.61	165.28
2007	1 147.11	1 057.26	89.86
2008	1 292.1	1 210.17	81.94
2009	1 595.96	1 365.71	230.25
2010	1 619.96	1 308.19	311.78
2011	1 470.59	1 342.56	128.03
2012	1 695.31	1 400.73	294.58
2013	1 813.75	1 445.82	367.93

数据来源：联合国粮农组织数据库（FAOSTAT）。

就菜籽粕而言，从表4-15和图4-14可以看出，2006年以前国产菜籽粕尚能满足市场上对菜籽粕的需求，但2006年之后开始出现菜籽粕需求缺口，2011年需求缺口最大，达137.21万吨。不过，菜籽粕需求缺口波动幅度较大，2013年缺口已减为5.29万吨。

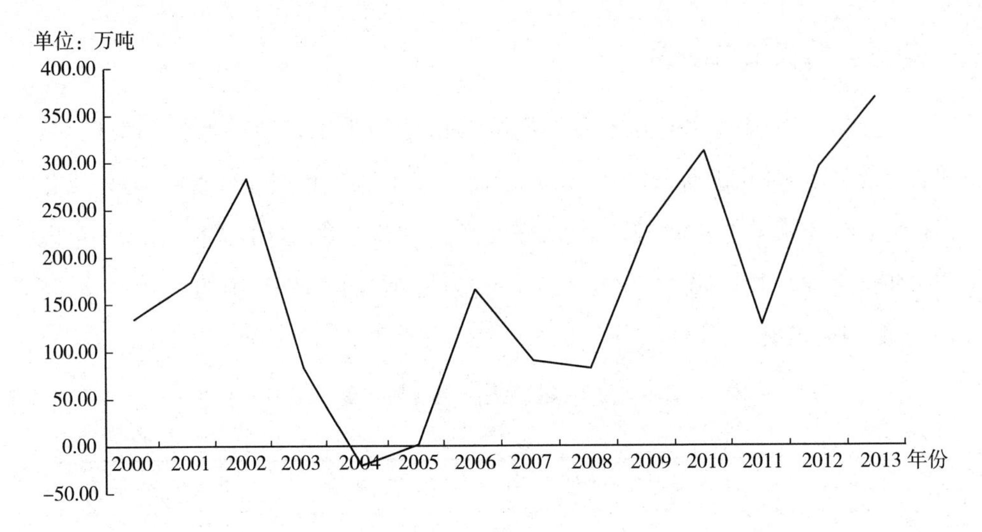

图 4-12　中国油菜籽供需缺口（2000—2013 年）

数据来源：联合国粮农组织数据库（FAOSTAT）。

表 4-14　中国菜籽油需求量及国产菜籽油产量（2000—2013 年）

单位：万吨

年份	菜籽油需求量	国产菜籽油产量	菜籽油需求缺口
2000	367.34	364	3.34
2001	368.03	367.5	0.53
2002	413.09	416.26	−3.17
2003	407.37	381.48	25.89
2004	461.22	425.24	35.98
2005	480.65	464.51	16.14
2006	495.56	475.25	20.31
2007	508.23	435.94	72.29
2008	508.26	453.46	54.8
2009	587.26	530.54	56.72
2010	647.53	539.09	108.44
2011	596.72	517.84	78.88
2012	672.09	545.24	126.85
2013	721.15	560.34	160.81

数据来源：联合国粮农组织数据库（FAOSTAT）。

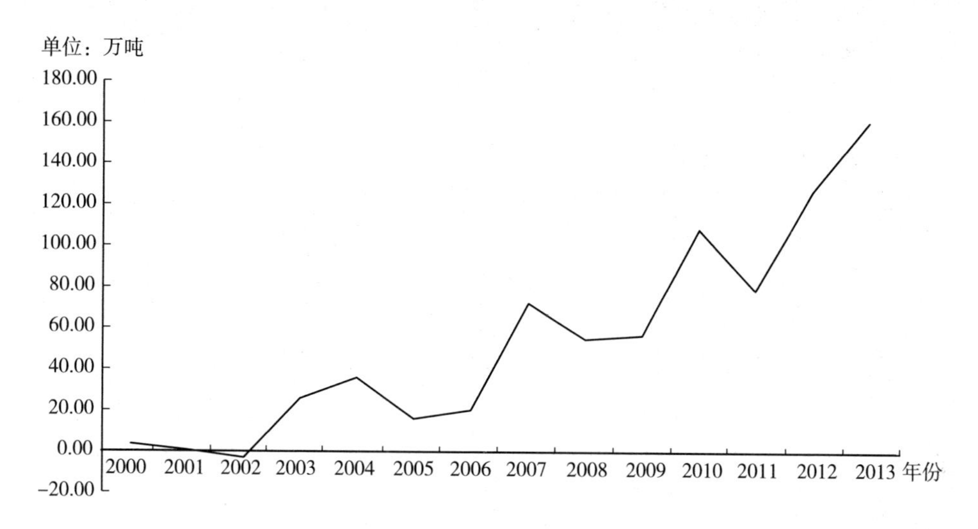

图 4-13 中国菜籽油供需缺口（2000—2013 年）

数据来源：联合国粮农组织数据库（FAOSTAT）。

表 4-15 中国菜籽粕需求量及国产菜籽粕产量（2000—2013 年）

单位：万吨

年份	菜籽粕需求量	国产菜籽粕产量	菜籽粕需求缺口
2000	562.94	655.2	−92.26
2001	613.93	661.5	−47.57
2002	631.01	657	−25.99
2003	585.6	602.4	−16.8
2004	668.87	672	−3.13
2005	683.06	684.4	−1.34
2006	663.86	643.36	20.5
2007	609.71	590.12	19.59
2008	641.46	615.6	25.86
2009	707.13	715.86	−8.73
2010	847.59	731.6	115.99
2011	840.02	702.81	137.21
2012	782.53	739.86	42.67
2013	765.73	760.44	5.29

数据来源：联合国粮农组织数据库（FAOSTAT）。

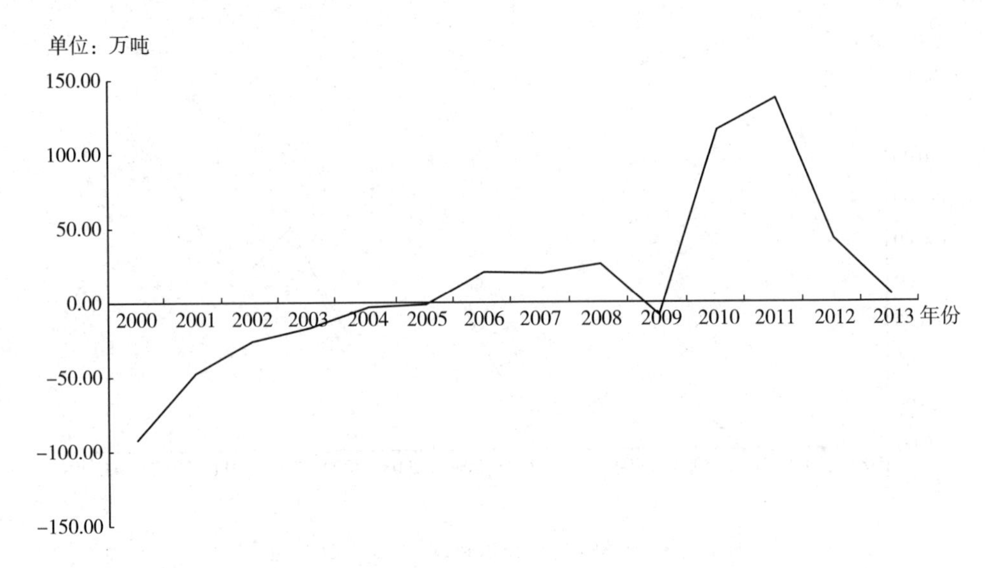

图 4－14　中国菜籽粕供需缺口（2000—2013 年）

数据来源：联合国粮农组织数据库（FAOSTAT）。

（1）油菜籽进口状况。由于国产油菜籽产量无法满足市场上对油菜籽的需求，近些年来，油菜籽净进口量迅速增加。实际上，因油菜籽出口量相当小，所以净进口量的波动可以看作是进口量的波动。由表 4－16 可知，油菜籽净进口量虽然有所波动，但在 2000 年至 2008 年期间大多处于减少状态，2008 年开始大幅增加，从 130.23 万吨增长至 2013 年的 366.25 万吨，增长了 236.02 万吨，增长率达到 181.23%。

表 4－16　中国油菜籽、菜籽油及菜籽粕净进口量（2000—2013 年）

年份	油菜籽净进口量	菜籽油净进口量	菜籽粕净进口量
2000	296.85	3.34	－92.26
2001	172.48	0.53	－47.57
2002	61.63	6.83	－25.99
2003	16.41	15.89	－16.80
2004	42.42	35.98	－3.13
2005	29.66	16.14	－1.34
2006	73.79	20.31	20.50
2007	83.21	72.29	19.59

（续）

年份	油菜籽净进口量	菜籽油净进口量	菜籽粕净进口量
2008	130.23	54.80	25.86
2009	328.46	56.72	−8.73
2010	160.00	108.44	115.99
2011	126.19	78.88	137.21
2012	292.98	126.85	42.67
2013	366.25	160.81	5.29

数据来源：联合国粮农组织数据库（FAOSTAT）。

由于进口量不断增加，油菜籽的进口依存度[①]也不断提高，2012 年为 17.3%，2013 年为 20.28%。过高的进口依存度使得国际价格通过进口油菜籽产品价格轻易和快速的传导到国内，导致国产油菜籽及相关产品价格波动的频率和幅度加剧，从而增加宏观调控的难度。价格波动的加剧不仅使农户的种植收益无法保证，种植积极性降低，而且增加了本土加工企业的经营风险，影响国内油菜产业的健康发展。

油菜籽进口来源地主要为加拿大，2011 和 2012 年占比均在 99%以上，2013 年起自加拿大进口的油菜籽量略有下降，但仍占进口总量的 3/4 以上。

（2）菜籽油进口状况。菜籽油净进口量持续增长，2000 年进口量为 3.34 万吨，至 2013 年进口量达到 160.81 万吨，年平均增长率为 34.72%。从进口来源地看，菜籽油也是以加拿大为主要进口来源国。其中，2011 年自加拿大的进口量占总进口量的比重最高，达 95.42%，2013 年占比降到 60.70%。虽然其他进口来源地所占份额较小，但近年来我国从阿联酋进口的数量增加较快。

（3）菜籽粕进口状况。2006 年之前，中国菜籽粕出口量高于进口量，为菜籽粕出口国，但净出口量在持续减少。2006 年之后，中国菜籽粕进口量高于出口量，且净进口量增长迅速。2006 年净进口量为 20.50 万吨，

① 进口依存度主要反映国内产业的生存与发展对进口的依赖程度，用进口量与国内消费量之比来表示。

至2011年净进口量为137.21万吨，增长近6倍。但菜籽粕净进口量从2012年开始大幅下跌，2013年净进口量仅为5.29万吨。

4.3 中国冬油菜生产布局及气候特征

4.3.1 冬油菜主产区分布

从种植面积看，各冬油菜主产区油菜种植面积均呈增长趋势。其中，长江中游地区冬油菜播种面积呈迅速增长趋势，年平均增长率为4.79%；其次是四川盆地亚区，年平均增长率为3.43%；再次是云贵高原亚区，年平均增长率为3.04%。黄淮平原和长江下游亚区冬油菜播种面积在2010年之后呈下降趋势（表4-17）。

表4-17 中国冬油菜主产区种植面积（1978—2014年）

单位：千公顷

年份	华南沿海	黄淮平原	云贵高原	四川盆地	长江中游	长江下游	黄土高原
1978	19.70	603.60	416.70	556.90	860.40	572.90	109.60
1979	14.00	666.30	399.20	600.30	1 064.70	650.10	114.60
1980	8.80	779.80	402.70	646.20	970.80	678.50	135.50
1981	18.00	1 124.50	571.10	865.60	1 322.90	963.90	186.90
1982	16.20	1 268.50	669.50	957.80	1 509.90	998.90	144.60
1983	12.80	1 092.00	566.80	817.90	1 403.20	898.60	159.60
1984	12.70	944.30	545.30	855.40	1 317.70	772.20	144.90
1985	13.60	1 436.80	607.40	1 259.70	1 422.30	1 179.90	170.60
1986	13.40	1 542.50	692.10	1 270.20	1 661.80	1 252.70	225.00
1987	13.10	1 864.90	755.10	1 252.10	1 723.70	1 259.90	228.60
1988	12.30	1 498.70	731.70	1 219.60	1 768.30	1 127.30	166.20
1989	14.60	1 481.60	653.50	1 196.80	2 004.40	1 229.80	179.70
1990	21.40	1 500.10	675.50	1 258.80	2 574.30	1 235.90	198.20
1991	29.20	1 715.20	758.60	1 351.80	2 977.50	1 305.10	218.30
1992	37.70	1 538.70	732.80	1 300.70	2 961.10	1 305.80	227.40

（续）

年份	华南沿海	黄淮平原	云贵高原	四川盆地	长江中游	长江下游	黄土高原
1993	47.30	1 426.20	633.80	1 066.10	2 635.00	1 132.00	209.10
1994	48.20	1 584.10	647.90	1 098.20	2 863.00	1 210.00	224.20
1995	92.30	1 898.30	750.10	1 277.60	3 699.30	1 357.50	254.70
1996	190.10	1 665.50	757.60	1 235.80	3 771.00	1 275.80	252.30
1997	200.10	1 619.50	742.10	1 188.00	3 677.30	1 183.40	240.50
1998	180.50	1 663.80	734.60	1 220.20	3 612.70	1 188.20	205.10
1999	160.40	1 716.60	806.60	1 262.60	3 715.90	1 276.00	230.30
2000	133.80	1 819.50	880.95	1 424.83	3 858.75	1 526.67	245.55
2001	114.15	1 779.30	858.75	1 422.00	3 634.50	1 544.25	251.55
2002	101.40	2008.95	860.40	1 420.95	3 559.20	1 481.85	249.15
2003	91.65	2098.65	876.60	1 473.75	3 470.70	1 425.60	248.70
2004	91.05	2065.65	945.45	1 482.30	3 472.20	1 403.10	259.80
2005	90.90	2042.10	1 010.85	1 506.75	3 510.90	1 377.75	268.05
2006	17.70	1 503.75	760.35	1 321.65	3 035.55	1 052.40	223.65
2007	17.10	1 464.30	726.60	1 324.05	2 908.80	867.30	233.10
2008	16.05	1 570.50	844.05	1 554.60	3 605.25	954.45	267.45
2009	18.56	1 655.63	1 080.72	1 665.33	4 080.71	1 014.50	291.95
2010	23.37	1 626.39	1 123.42	1 708.53	4 193.31	980.73	302.67
2011	23.30	1 535.90	1 142.80	1 440.60	4 276.80	930.80	305.00
2012	30.20	1 485.00	1 167.30	1 779.00	4 380.90	891.10	303.20
2013	28.20	1 409.10	1 202.40	1 820.40	4 551.30	897.45	306.60
2014	36.30	1 368.90	1 226.70	1 873.95	4 642.20	830.25	305.40

数据来源：1979—2015年《中国统计年鉴》。

表4-18　中国冬油菜主产区种植面积占冬油菜总种植面积比重（1978—2014年）

单位：%

年份	华南沿海	黄淮平原	云贵高原	四川盆地	长江中游	长江下游	黄土高原
1978	0.63	19.22	13.27	17.74	27.40	18.25	3.49
1979	0.40	18.99	11.38	17.11	30.34	18.53	3.27
1980	0.24	21.53	11.12	17.84	26.80	18.73	3.74
1981	0.36	22.25	11.30	17.13	26.18	19.08	3.70
1982	0.29	22.79	12.03	17.21	27.13	17.95	2.60
1983	0.26	22.06	11.45	16.52	28.34	18.15	3.22

（续）

年份	华南沿海	黄淮平原	云贵高原	四川盆地	长江中游	长江下游	黄土高原
1984	0.28	20.56	11.87	18.63	28.69	16.81	3.16
1985	0.22	23.59	9.97	20.68	23.35	19.37	2.80
1986	0.20	23.17	10.40	19.08	24.96	18.82	3.38
1987	0.18	26.28	10.64	17.64	24.29	17.75	3.22
1988	0.19	22.97	11.22	18.69	27.10	17.28	2.55
1989	0.22	21.92	9.67	17.70	29.65	18.19	2.66
1990	0.29	20.10	9.05	16.86	34.49	16.56	2.66
1991	0.35	20.53	9.08	16.18	35.63	15.62	2.61
1992	0.47	18.99	9.04	16.05	36.54	16.11	2.81
1993	0.66	19.95	8.86	14.91	36.86	15.83	2.92
1994	0.63	20.64	8.44	14.31	37.30	15.76	2.92
1995	0.99	20.35	8.04	13.69	39.65	14.55	2.73
1996	2.08	18.21	8.28	13.51	41.22	13.95	2.76
1997	2.26	18.30	8.38	13.42	41.55	13.37	2.72
1998	2.05	18.90	8.34	13.86	41.03	13.49	2.33
1999	1.75	18.72	8.80	13.77	40.53	13.92	2.51
2000	1.35	18.40	8.91	14.41	39.02	15.44	2.48
2001	1.19	18.53	8.94	14.81	37.84	16.08	2.62
2002	1.05	20.75	8.89	14.68	36.76	15.31	2.57
2003	0.95	21.67	9.05	15.22	35.83	14.72	2.57
2004	0.94	21.25	9.73	15.25	35.72	14.44	2.67
2005	0.93	20.82	10.31	15.36	35.80	14.05	2.73
2006	0.22	19.00	9.61	16.70	38.35	13.30	2.83
2007	0.23	19.42	9.64	17.56	38.57	11.50	3.09
2008	0.18	17.82	9.58	17.64	40.91	10.83	3.03
2009	0.19	16.88	11.02	16.98	41.61	10.34	2.98
2010	0.23	16.33	11.28	17.16	42.11	9.85	3.04
2011	0.24	15.91	11.84	14.92	44.30	9.64	3.16
2012	0.30	14.80	11.63	17.72	43.65	8.88	3.02
2013	0.28	13.79	11.77	17.82	44.55	8.79	3.00
2014	0.35	13.31	11.93	18.22	45.14	8.07	2.97

数据来源：1979—2015年《中国统计年鉴》。

各主产区种植面积占冬油菜种植总面积比重变化不一（表4－18)。四川盆地、长江中游、黄土高原冬油菜种植面积占全国冬油菜种植面积比重呈增长趋势，云贵高原冬油菜种植面积占全国冬油菜种植面积比重变动不大，保持在11%左右。华南沿海冬油菜种植面积占全国冬油菜种植面积比重呈先增加后减小的趋势，但整体呈增加趋势。长江下游和黄淮平原的冬油菜种植面积所占比重呈下降趋势，特别是长江下游冬油菜种植面积所占比重由1978年的18.25%下降至2014年的8.07%，下降10.18个百分点，降幅较大。

4.3.2 冬油菜主产区气候特征

黄土高原和黄淮平原冬季寒冷且干燥，春旱频繁，寒潮霜冻在晚秋和早春经常发生，冻害严重，年降水量少。云贵高原和四川盆地冬季温暖干燥，其中，云南干湿两季分明，贵州干湿两季不明显。四川盆地不易被寒潮侵入，但日照偏少。长江中下游地区气候温和、雨量充沛，属亚热带气候，是我国油菜生产最集中和最重要的区域。其中，长江中游春季与夏季雨水较多，春季温度升高较快，且寒潮频繁发生，而秋季和冬季干旱较频繁，冬季冻害时有发生；长江下游四季分明，春季温度升高较快。华南沿海地区属热带亚热带地区，夏长冬短，雨量充沛，年平均温度和湿度较高，病虫害严重。

第5章 气候变化对油菜生产投入的影响——以化肥和农药投入为例

油菜种植期间主要施用的化肥是复合肥、尿素和硼砂，温度变化影响化肥肥效。以氮肥为例，温度每增高1℃，速效氮释放量（可供植物直接吸收利用）增加约4%，释放期缩短3.6天，并且每次的施肥量需要增加4%左右才能保持原有肥效。田间杂草、害虫和病害等因素制约油菜的生长发育。据相关研究，长江流域冬油菜的草害面积约占总种植面积的46.9%（张宏军等，2008），杂草对水分、肥料、空气和热量的竞争抑制油菜营养生长，使得油菜生殖生长因养分积累不足而导致开花率与结实率低，进而影响产量。油菜田主要害虫包括小菜蛾、蚜虫等，对油菜生产造成一定程度的损害。油菜田主要病害包括菌核病和霜霉病，其中，以菌核病最普遍，危害也最严重。油菜菌核病属于越冬型病害，一般而言，冬季低温有利于菌核病的菌源总量减少，但是近年来的冬季温度升高十分有利于菌核病的生长。

作物生长季随着气候变暖而延长，有利于昆虫繁衍的代数增加，冬季温度较高尤其有利于幼虫安全越冬，使得各种病虫害出现的范围扩大。病虫害的流行和杂草蔓延的加剧使农民不得不施用大量的农药和除草剂。与此同时，由于气候条件具有区域差异性，所以病虫害的分布也具有区域差异性，当气候条件发生变化时，农业病虫害的分布区域也发生变化。周平等（2001）研究发现，当温度为23～35℃时，在降雨或湿度较大的情况下，水稻纹枯病可能成为危害最大的病害。

在我国，每年因病虫害造成的粮食减产量占同期粮食总产量的9%（杜华明，2006），相应的损失约占农业总产值的20%～25%。油菜主要病害包括菌核病、白粉病、霜霉病和病毒病等，主要虫害包括蚜虫、菜蛾、菜籽蝶和黄曲条跳甲等（刘红敏等，2010）。春秋季若天气干旱，蚜虫生长较快；在油菜开花时节，若降水量在5毫米及以上，则油菜发生病虫害概率较大且病虫害程度更严重（韩晓琴，2015）。

鉴于温度、降水等因素可能影响油菜病虫害的发生率和分布，进而影响油菜生产中化肥和农药的投入，本章主要讨论油菜生长阶段温度和降水变化对油菜生产中化肥和农药投入的影响。

5.1 影响化肥和农药投入的因素

将影响农户化肥和农药投入的因素分为两大类，即微观因素和宏观因素。其中，宏观因素包括土地产权、农业政策、价格因素等。本章中主要采用价格因素代表宏观因素，包括化肥和农药价格、油菜籽价格。微观因素主要包括农户家庭特征、土地资源禀赋以及风险变量。农户作为行为主体，其本身特征会直接影响化肥和农药投入行为。农户的家庭特征主要为家庭决策者的年龄、受教育年数、非农收入占家庭总收入比例等，土地资源禀赋主要包括土壤质量、距家的远近等。本书中将气候变量归为风险变量，即温度、降水和日照时数。

5.2 数据来源、变量定义和模型设定

5.2.1 数据来源

本章用到的农户数据来自2008—2013年国家油菜现代产业技术体系年度调查中长江中游地区的油菜种植农户数据。长江中游地区是最大的冬油菜生产地区，其油菜生产具有代表性。农户数据来源情况已在第1章中介绍。

油菜生育期的许多生育阶段均有重叠，本书采用通用的划分方法，将生育期划分为出苗前期、出苗期、抽薹期、现蕾期、开花期、成熟期。为了便于分析，将这 6 个生长阶段归为 4 个生长阶段：苗期、蕾薹期、开花期、成熟期（表 5－1）。因此，气候数据采用这 4 个生长阶段分别对应的数据。

表 5－1　油菜各生长阶段

生育期	本文所采用的 4 个生长阶段
阶段 0 苗前期 阶段 1 出苗期	阶段 1 苗期
阶段 2 抽薹期 阶段 3 现蕾期	阶段 2 蕾薹期
阶段 4 开花期	阶段 3 开花期
阶段 5 成熟期	阶段 4 成熟期

资料来源：加拿大油菜委员会。

一般而言，油菜的播种期因地区不同而有所差异，比如低纬度地区的油菜播种期往往晚于高纬度地区。当然，在研究年份内，由于气候、技术、政策等因素，同一地区的油菜播种期也可能会改变。理想情况下，我们应该将播种期和收获期视作研究年份的函数，然而，鉴于相关数据的缺乏，借鉴其他文献做法（Ray et al.，2015），在研究年份内仍将同一个省的油菜播种期和收获期视作不变。当然，同一地区不可能只种植一个油菜品种，不同油菜品种的生育阶段应有所不同，但我们认为，各地种植的油菜品种必然与当地的气候条件相匹配，即同一地区所种油菜品种的生育阶段应该相似，所以我们从各主产省份的油菜试验站获得了当地油菜生育阶段划分时间段（表 5－2）。可以看出，多数省份冬油菜播种期在 9 月或 10 月，收获期在 4 月或 5 月。

油菜生长阶段划分确定之后，需要确定气候变量采用哪些指标。温度、降水和日照是作物生长必需的三大要素，在相关文献中，一般采用平均温度、累计降水量和累积日照时数作为气候变量（吴丽丽等，2015；贺亚琴等，2015；朱晓莉等，2013；王丹，2009；Wang et al.，2009），本文也采用这三个指标。

表 5-2 油菜生长阶段划分时间段

主产区		省份	苗期	蕾薹期	开花期	成熟期
Ⅰ	华南沿海	广西	09.20/10.15—12.19	12.20—02.19	02.20—03.19	03.20—04.25
Ⅱ	黄淮平原	安徽	09.20/10.01—02.09	02.10—03.09	03.10—04.09	04.10—05.20
		河南	09.20/10.10—01.31	02.01—02.28	03.01—03.31	04.01—05.15
Ⅲ	云贵高原	云南	09.10/10.01—12.20	12.21—02.19	02.20—03.19	03.20—04.25
		贵州	09.10/10.10—01.19	01.20—02.19	02.20—03.24	03.25—05.20
Ⅳ	四川盆地	四川	09.15/10.01—01.19	01.20—02.19	02.20—03.19	03.20—05.10
		重庆	09.15/10.01—01.19	01.20—02.19	02.20—03.19	03.20—04.20
Ⅴ	长江中游	湖北	09.20/10.15—01.28	01.29—02.28	03.01—03.31	04.01—05.10
		湖南	09.01/09.20—01.14	01.15—03.04	03.05—04.04	04.05—05.05
		江西	09.20/10.20—12.19	12.20—02.19	02.20—03.31	04.01—05.01
Ⅵ	长江下游	江苏	09.20/10.01—02.28	03.01—03.31	04.01—04.30	05.01—06.01
		浙江	10.01/10.10—01.31	02.01—03.09	03.10—04.09	04.10—05.20
		上海	09.20/10.01—02.28	03.01—03.31	04.01—04.30	05.01—06.01

资料来源：各地农业科学院油菜试验站。

5.2.2 变量定义

模型因变量为化肥或农药的单位面积费用；自变量包括风险变量，即4个生长阶段的平均温度、累计降水和累积日照时数；用上一年油菜籽成本收益率代表宏观因素变量；农户特征变量即农户年龄、受教育年数、非农收入占家庭总收入比例；土地资源禀赋变量即油菜面积占耕地面积比重。其中，以2008年为基期，各年费用类变量数据均利用《中国统计年鉴》中“种植业生产资料价格指数”进行平减。

由于化肥或农药投入费用已折算为不变价格，则这些费用的变化实际上是投入量的变化。一般情况下，上一年的油菜籽经济效益越高，当年种植的预期效益就越高，农户对于化肥或农药的投入会越大，预计化肥或农药的投入与上一年油菜籽经济效益正相关。

在化肥或农药的施用量方面，农户年龄越大，往往有更多的务农经验，施用化肥和农药的方式受传统方式的影响较深，预期农户年龄与化肥或农药施用量呈正相关。农户受教育程度越高，越容易接受现代耕作技术而改变传统耕作方式，预计二者呈负相关。非农收入占家庭总收入的比重越高，农户越有能力增加化肥或农药的投入，但从另一方面而言，非农收入比例越高，农户对产出的追求可能会随之减弱。因此，非农收入比重对化肥或农药投入的影响不确定。

土地质量是影响农户短期化肥投入的重要因素，本文以油菜面积占耕地面积的比重代表土地质量。一方面，比重越高表明土地越适合种植油菜，化肥施用量较少；另一方面，比重越高说明土地轮作可能性越低，土壤可能会变贫瘠，需要化肥施用量更多。所以，油菜面积占耕地面积比重对化肥投入的影响不确定。

正如前文所言，在气候变暖条件下，若需维持相同肥效，化肥施用量需要增加，且各种病虫害的发生范围扩大也使得农药施用量需要增加。预计温度与化肥、农药投入正相关，降水与化肥、农药投入正相关。

5.2.3 模型设定

气候变量对化肥和农药投入影响的模型可以设定为：

$$\ln Q_{ij} = (\alpha_0 + \alpha_t t) + \alpha \ln R_{ij} + \sum_{h=1}^{4} w_h \ln C_{hij} + \sum_{k=1}^{3} \beta_k X_{kij} + \beta Z_{ij} + \delta_{ij} \tag{5-1}$$

由于农药和化肥种类较多，不易加总，所以分别使用费用来代表农药和化肥投入。Q_{ij} 表示 i 农户在 j 年油菜生产每公顷化肥或农药费用，$i=1, 2, \cdots, I$，代表农户；$j=1, 2, \cdots, 6$，代表研究年份 2008—2013 年。R 表示上一年油菜籽成本收益率。C 代表气候变量，包括温度、降水和日照时数。$h=1, 2, \cdots, 4$，代表油菜 4 个生长阶段。X 表示农户家庭特征，包括决策者年龄、受教育年限、非农收入占家庭总收入比例等。Z 表示土地资源禀赋，用油菜种植面积占总耕地面积的比重表示，反映土壤质量是否适合油菜种植。α、w、β 均为待估参数，δ 为误差项。各变量描述性统计见表 5-3。在建模时，将成本收益率变量、气候变量和被解释变量取对数。

表5-3 数据描述性统计

变量名	单位	平均值	最大值	最小值	标准差
化肥投入 *F*	元/公顷	1 289.7	18 800.4	0	836.18
农药投入 *PES*	元/公顷	264.11	8 571.43	0	229.32
苗期气候变量					
平均温度 *TEM*1	摄氏度/天	11.15	15.65	6.2	2.62
累计降水 *AP*1	毫米	178.66	394.9	10.7	93.3
累积日照时数 *ASH*1	小时	414.33	728.7	174	107.04
蕾薹期气候变量					
平均温度 *TEM*2	摄氏度/天	7.13	11.16	2.82	2.01
累计降水 *AP*2	毫米	90.51	297	1	68.27
累积日照时数 *ASH*2	小时	116.78	284.4	20.8	47.65
开花期气候变量					
平均温度 *TEM*3	摄氏度/天	13.27	16.57	7.81	2
累计降水 *AP*3	毫米	108.62	359	15.9	74.19
累积日照时数 *ASH*3	小时	117.32	211.6	32	42.49
成熟期气候变量					
平均温度 *TEM*4	摄氏度/天	19.2	22.66	14.38	1.51
累计降水 *AP*4	毫米	152.8	477.8	20.9	76.48
累积日照时数 *ASH*4	小时	158.2	293.4	61.2	48.81
农户家庭特征变量					
年龄	年	52.93	84	24	8.85
受教育程度 *Edu*	年	8.61	15	0	2.29
非农收入占比 *Nonagriincome*%	%	0.55	0.99	0	0.36
土地资源禀赋变量					
油菜种植面积占比 *Rapeseed area*%	%	0.59	1	0.01	0.29
经济因素变量					
上一年油菜成本收益率	%	124.96	159.03	89.01	25.94
其他					
时间趋势项 *T*	—	3.5	6	1	1.71

5.3 模型估计与分析

5.3.1 模型选择

本书使用的数据是面板数据，在进行回归之前进行模型设定检验，以确定使用混合 OLS 模型、固定效应模型还是随机效应模型。利用 EVIEWS 6.0 软件对数据进行试运行。

为了判定选择混合 OLS 模型还是固定效应模型，采用 F 检验。原假设为不同横截面模型截距项相同，备择假设为不同横截面模型的截距项不同。化肥投入模型和农药投入模型的 F 检验结果均拒绝原假设，说明固定效应模型优于混合 OLS 模型，应该选择固定效应模型。为了判定使用固定效应模型还是随机效应模型，利用 Hausman 检验。原假设为随机效应中个体影响与解释变量不相关，备择假设为随机效应中个体影响与解释变量相关。检验结果均拒绝原假设，说明固定效应模型更优。因此，本文采用固定效应模型来进行估计（表 5－4）。

表 5－4　模型选择

估计方法	化肥投入模型	农药投入模型	选择结果
混合 OLS 固定效应	F 检验：F（1 142，3 085）＝2.31，Prob＞F＝0.000 0	F 检验：F（1 142，3 085）＝2.72，Prob＞F＝0.000 0	固定效应模型优于混合 OLS 模型
固定效应随机效应	Hausman 检验：χ^2（18）＝86.72，Prob＞χ^2＝0.000 0	Hausman 检验：χ^2（18）＝106.64，Prob＞χ^2＝0.000 0	固定效应模型优于随机效应模型

5.3.2 结果分析

表 5－5、表 5－6 和表 5－7 分别是化肥投入和农药投入面板固定效应模型的估计结果。模型调整 R^2 分别为 0.28 和 0.35，已经可以说明问题。F 检验结果（F（1 142，3 085）＝2.45，P＝0.00；F（1 142，3 085）＝

3.01，$P=0.00$）说明模型中各个自变量对因变量的联合影响极显著。

表 5-5　化肥投入模型结果

变量	系数	标准差	t 值	p 值
log（*TEM*1）	−1.05**	0.51	−2.08	0.04
log（*AP*1）	−0.02	0.06	−0.30	0.76
log（*ASH*1）	0.21	0.28	0.74	0.46
log（*TEM*2）	−0.27*	0.15	−1.82	0.07
log（*AP*）	0.10**	0.04	2.44	0.01
log（*ASH*2）	−0.08	0.10	−0.81	0.42
log（*TEM*3）	0.73**	0.312	2.35	0.02
log（*AP*3）	−0.08	0.08	−0.99	0.32
log（*ASH*3）	−0.01	0.15	−0.04	0.97
log（*TEM*4）	−1.01	0.72	−1.42	0.16
log（*AP*4）	−0.19***	0.07	−2.92	0.00
log（*ASH*4）	0.44**	0.22	1.97	0.05
Rapeseedreturn	0.01***	0.00	3.24	0.00
Age	0.00	0.01	0.20	0.84
Edu	0.00	0.04	0.09	0.93
Nonagriincome	−0.17*	0.09	−1.95	0.05
Ratio	−0.46***	0.15	−3.11	0.00
α	7.60***	2.45	3.11	0.00
T	0.06	0.05	1.10	0.27
Adjusted R-squared	0.28	—	—	—
F（1 142，3 085）	2.44	—	—	—
Prob（*F-statistic*）	0.00	—	—	—

注：* 表示 10%显著性水平，** 表示 5%显著性水平，*** 表示 1%显著性水平。

表 5-6　农药投入模型结果

变量	系数	标准差	t 值	p 值
log（*TEM*1）	−0.42	0.43	−0.97	0.33
log（*AP*1）	−0.12**	0.05	−2.27	0.02
log（*ASH*1）	−0.21	0.23	−0.90	0.37
log（*TEM*2）	−0.34***	0.13	−2.75	0.01
log（*AP*）	0.23***	0.04	6.35	0.00

（续）

变量	系数	标准差	t 值	p 值
log（*ASH*2）	−0.12	0.08	−1.42	0.16
log（*TEM*3）	0.33	0.26	1.24	0.21
log（*AP*3）	−0.26***	0.07	−3.72	0.00
log（*ASH*3）	−0.21	0.13	−1.61	0.11
log（*TEM*4）	0.39	0.61	0.64	0.52
log（*AP*4）	0.08	0.06	1.39	0.16
log（*ASH*4）	0.72***	0.19	3.81	0.00
Rapeseedreturn	0.00	0.00	0.75	0.46
Age	0.02*	0.01	1.81	0.07
Edu	−0.04	0.03	−1.40	0.16
Nonagriincome	−0.08	0.07	−1.11	0.27
Ratio	−0.44***	0.12	−3.49	0.00
α	3.83*	2.06	1.86	0.06
T	−0.01	0.04	−0.34	0.73
Adjusted R-squared	0.354 3	—	—	—
F（1 142，3 085）	3.008	—	—	—
Prob（*F-statistic*）	0.00	—	—	—

注：* 表示 10%显著性水平，** 表示 5%显著性水平，*** 表示 1%显著性水平。

表 5－7　各变量对化肥和农药投入的弹性

变量	化肥投入	农药投入
*TEM*1	−1.06	−0.42
*AP*1	−0.02	−0.12
*ASH*1	0.21	−0.21
*TEM*2	−0.27	−0.34
AP	0.10	0.23
*ASH*2	−0.08	−0.12
*TEM*3	0.73	0.33
*AP*3	−0.08	−0.26
*ASH*3	−0.01	−0.21

（续）

变量	化肥投入	农药投入
TEM4	−1.01	0.39
AP4	−0.19	0.08
ASH4	0.44	0.72
Rapeseedreturn	1.26	0.24
Age	0.15	1.12
Edu	0.03	−0.37
Nonagriincome	−0.09	−0.05
Ratio	−0.27	−0.26
T	0.20	−0.05

以温度、油菜种植面积占比这两个变量为例，其对化肥或农药投入弹性的计算如下。其中，计算油菜种植面积占比在其算术平均数处的投入弹性：

$$\frac{\partial Q/Q}{\partial TEM/TEM}=\frac{\partial \ln Q}{\partial \ln TEM}=w$$

$$\frac{\partial Q/Q}{\partial ratio/ratio}=\frac{\partial \ln Q}{\partial ratio}\times ratio=\beta\times ratio$$

（1）气候因素中，可以看到温度对化肥投入的影响最显著，降水对农药投入的影响最显著，日照时数的影响均不显著。油菜前三个生长阶段的日平均温度对化肥投入均有显著影响，前三个生长阶段的累计降水对农药投入有显著影响，但有差异。苗期和蕾薹期的日平均温度与化肥投入呈显著负相关，其中，苗期和蕾薹期日平均温度每增加1%，化肥投入分别减少1.06%和0.27%。可能的原因在于这两个时期内，平均温度较高和累计降水较多有利于油菜营养合成，对外源肥料需求较少。一般来说，开花期是油菜对肥料养分需求较多的生长阶段，此时日平均温度越高，化肥挥发速度越快，化肥施用量也越多。因此，开花期日平均温度与化肥投入正相关。结果显示，开花期日平均温度每增加1%，化肥投入增加0.73%。

苗期的累计降水与农药投入呈显著负相关，说明降水越多，农户越会减少施用农药的次数，原因可能在于农药会因为降水而流失。结果显示，苗期累计降水增加 1%，农药施用量减少 0.42%。但是，蕾薹期的降水越多，施用的农药越多，蕾薹期累计降水与农药投入显著正相关，蕾薹期累计降水每增加 1%，农药施用量增加 0.23%。

从生长阶段看，蕾薹期是油菜化肥和农药投入最易受到气候因素影响的时期。

（2）其他因素中可以看到，化肥投入逐年显著增加，而农药投入逐年显著减少，速率分别是 0.20%和 0.05%。上一年油菜成本收益率对当年化肥投入有显著正影响，成本收益率每增长 1%，当年化肥投入增加 1.26%。上一年油菜成本收益率对当年农药投入影响不显著，农药投入费用占生产成本比率较低可能是原因之一。

一方面，油菜种植面积占耕地面积比重反映了农户种植油菜的熟练程度，比重越高说明农户种植油菜越熟练，且农户在施用化肥和农药时越有可能掌握最佳施用量，从而节约用量；另一方面，也可以侧面反映土地是否适合种植油菜，比重越高说明土地越可能适宜种植油菜，化肥和农药的需求量越少。从结果看，油菜种植面积占耕地面积比重与化肥和农药投入均呈显著负相关，这说明农户种植油菜的熟练度使得其在施用化肥和农药时能做到相对精准控量，达到节约用量的效果。

非农收入占比越高，农户购买化肥和农药的预算越大，化肥和农药的施用量可能越大。但是，非农收入占比高也反映务农收入对农户生计的重要性降低，对于油菜产出及收益的重视程度降低，化肥和农药的施用量可能随之减少。从结果看，非农收入占比与化肥、农药的投入均呈负相关，其中，与化肥的投入呈显著负相关。这说明对比以务农收入为主要家庭收入来源的家庭，以非务农收入为主的家庭在种植油菜时化肥和农药的施用量更少。

农户年龄和受教育年数对化肥和农药施用量的影响不显著。

5.4 本章小结

本章利用国家油菜现代产业技术体系年度农户调查数据中长江中游地区油菜种植农户数据以及相关气候数据，分析了油菜不同生长阶段的气候因素及其他因素对化肥和农药施用量的影响。结果表明：①温度对化肥投入的影响最显著，降水对农药投入的影响最显著，日照时数对二者投入的影响不显著；②蕾薹期是油菜化肥和农药投入最易受到气候因素影响的时期；③化肥投入逐年显著增加，而农药投入逐年显著减少，速率分别是0.20％和0.05％；④对比以务农收入为主要收入来源的农户家庭，以非务农收入为主的家庭在种植油菜时倾向于施用更少的化肥和农药。

第6章 气候变化对油菜单产的影响

未来气候变化将如何影响农作物单产日益受到学术界的关注。目前，大部分研究重点关注气候变化对小麦、稻谷、玉米和大豆等粮食作物单产的影响（Ray et al.，2015；Scealy et al.，2012；Butler et al.，2013；Asseng et al.，2013）。作物单产和气候变量之间的关系因作物品种和地域不同而异，同时也与农业生产管理水平、土壤质量等因素有关（Porter，2014）。如 Lobell et al.（2011）研究发现 1980—2008 年全球气候变化导致玉米、水稻、小麦和大豆单产分别降低 3.8%、0.1%、5.5% 和 1.7%。就不同国家而言，气候变化对作物单产的影响也有很大不同。例如，过去气候变化一定程度上促进了中国玉米单产的增长和俄罗斯、土耳其、墨西哥等国小麦单产的增长（Easterling et al.，2007），而且即使在同一国家的不同地区，气候变化对作物单产的影响也可能不同。Zhang et al.（2008；2010）研究发现，在中国不同地区，温度对水稻单产的影响方向不一致。根据政府间气候变化专门委员会（IPCC）发布的第四次气候评估报告，低纬度地区的作物单产在气候变暖情况下更易减少，且对气候变暖更为敏感。然而，关注气候变化对油菜单产的影响的研究相当有限，少数研究关注气候因素对油菜生长周期的影响（Wang，2014），或气候变化对油菜病害的影响（Evan et al.，2010；Eickermann et al.，2014），但均从自然科学角度展开。

一些研究只将气候变量作为自变量纳入模型（Deepak et al.，2015；Lobell，et al.，2011），而另一些研究将物质投入（如劳动力、化肥、农药等）和气候变量一起作为自变量纳入模型（You et al.，2005），有助于考察农户适应性行为的影响，有助于对比气候变量与非气候变量因素对于作物单产的影响。因此，本章将同时在模型中纳入气候变量和非气候变量。

以往相关研究采用的模型形式主要有线性模型、二次项模型以及超越对数模型形式。一般来说，气候变量（如温度和降水等）的变化通过影响作物的光合作用和代谢作用等最终影响作物单产。有研究表明，温度和作物生长速率的关系十分接近线性模型（Monteith and Moss，1977；Porter and Semenov，2005）。也有研究将气候变量的线性模型和二次项模型同时纳入自变量中，用来表示气候因素的正常波动和极端波动（Lobell et al.，2011；Rowhani et al.，2011；Urban et al.，2012；Ray et al.，2015）。

本章的研究目的是研究气候因素对油菜单产的影响，并从时间和空间层面分析这种影响：①明确关键主产区，即哪些主产区的油菜单产受到气候因素的影响更大；②明确关键生长阶段，即哪些生长阶段油菜单产对气候因素更敏感；③明确每个生长阶段的关键气候因素。

6.1 油菜单产及气候变化情况

6.1.1 单产变动情况

从表6-1可以看出，各冬油菜主产区油菜单产均呈增长趋势。其中，长江下游地区的平均单产水平最高，2008—2013年平均单产2 222.80千克/公顷，其次是黄淮平原的2 219.62千克/公顷。华南沿海、云贵高原和长江中游地区平均单产水平较低，分别为1 001.99千克/公顷、1 538.59千克/公顷和1 559.82千克/公顷，均低于全国冬油菜单产水平。就单产增长速度来看，长江中游地区单产水平年均增长速度最快，达2.24%；其次是华南沿海和云贵高原地区，达1.63%和1.43%。

表 6-1　2008—2013 年冬油菜单产情况

单位：千克/公顷

年份	华南沿海	黄淮平原	云贵高原	四川盆地	长江中游	长江下游	全国
2008	934.50	2 335.43	1 552.05	1 950.75	1 453.65	2 298.90	1 873.22
2009	1 083.00	2 311.50	1 570.50	1 958.00	1 556.67	2 236.33	1 900.97
2010	943.00	2 097.50	1 020.00	1 975.00	1 584.00	2 148.09	1 791.21
2011	1 038.00	1 966.50	1 684.50	2 007.00	1 572.50	2 164.00	1 899.55
2012	1 000.50	2 253.00	1 738.25	2 053.50	1 568.00	2 202.00	1 906.10
2013	1 012.94	2 353.77	1 666.22	2 052.52	1 624.13	2 287.50	1 937.87

数据来源：2009—2014 年《中国统计年鉴》。

6.1.2 气候因素变化情况

气候因素在油菜不同的生长阶段对其单产的影响不同。为了详细分析这一影响，本章借鉴第五章，也将油菜生育期划分为 4 个生长阶段，即苗期、蕾薹期、开花期和成熟期，并分别采用 4 个生长阶段的气候变量。同时，本章也采用平均温度（TEM）、累计降水量（AP）和累积日照时数（ASH）来代表气候因素。

（1）温度变化情况。不同主产区之间，各年油菜生长期日平均温度的变化趋势差异较大。计算 2008—2013 年各地区油菜生长期内日平均温度的平均值，发现华南沿海地区最高（14.78℃），其次是四川盆地，达 12.95℃；再次是长江下游和中游地区，分别为 12.20℃和 11.75℃；黄淮平原油菜生长期日平均温度最低，仅为 10.58℃。2009—2011 年，各地区油菜生长期内日平均温度均呈下降趋势，2012 年、2013 年有所回升。从波动情况看，华南沿海和云贵高原的日平均温度波动幅度最大。

表 6-2　冬油菜主产区油菜生长期日平均温度变化情况

单位：℃

区域	2008	2009	2010	2011	2012	2013	平均值	变异系数
华南沿海	14.51	15.82	15.00	13.68	14.35	15.30	14.78	0.76
黄淮平原	10.58	11.21	9.97	10.71	10.43	10.56	10.58	0.40

（续）

区域	2008	2009	2010	2011	2012	2013	平均值	变异系数
云贵高原	12.18	11.06	10.91	10.15	10.44	11.08	10.97	0.70
四川盆地	12.73	13.43	12.86	12.32	12.81	13.53	12.95	0.45
长江中游	11.73	12.35	11.41	11.52	11.43	12.03	11.75	0.38
长江下游	12.48	12.86	11.79	11.79	12.24	12.06	12.20	0.42

数据来源：国家气象数据共享网。

（2）主产区降水变化情况。由表 6－3 可以看出，2011 年油菜生长期内累计降水最少，不同主产区油菜生长期累计降水变化趋势差异较大。长江下游和中游地区的油菜生长期内累计降水最多，分别为 581.54 毫米和 577.38 毫米；其次是华南沿海地区（436.46 毫米），云贵高原地区的油菜生长期累计降水最少（267.57 毫米）。从波动情况看，黄淮平原和长江下游地区的累计降水波动幅度最大。

表 6－3　冬油菜主产区油菜生长期累计降水变化情况

单位：毫米

区域	2008	2009	2010	2011	2012	2013	平均值	变异系数
华南沿海	418.07	478.87	414.47	334.63	467.20	505.50	436.46	0.14
黄淮平原	392.35	356.48	524.74	203.33	363.81	341.84	363.76	0.28
云贵高原	245.63	365.78	192.44	261.88	288.69	250.98	267.57	0.21
四川盆地	290.16	350.17	258.62	272.79	339.41	241.59	292.12	0.15
长江中游	466.60	646.41	668.08	411.88	627.27	644.05	577.38	0.19
长江下游	538.13	595.48	758.13	343.72	629.92	623.87	581.54	0.24

数据来源：国家气象数据共享网。

（3）主产区日照时数变化情况。由表 6－4 可以看出，长江下游和黄淮平原的油菜生长期内累积日照时数最长，其次是长江中游。长江下游、黄淮平原和长江中游地区 2008—2013 年的累积日照时数平均为 1 093.63 小时、1 072.86 小时和 996.07 小时。四川盆地最少，仅 452.56 小时。就波动情况而言，华南沿海、四川盆地和长江中游地区的累积日照时数波动幅度最大。

表 6-4 冬油菜主产区油菜生长期累积日照时数变化情况

单位：小时

区域	2008	2009	2010	2011	2012	2013	平均值	变异系数
华南沿海	580.83	708.33	498.87	562.07	480.03	395.63	537.63	0.20
黄淮平原	1 137.69	1 019.87	991.57	1 342.90	919.99	1 025.14	1 072.86	0.14
云贵高原	918.20	804.99	892.31	827.18	801.22	902.60	857.75	0.06
四川盆地	416.90	454.61	414.51	505.22	367.93	556.23	452.56	0.15
长江中游	968.51	1 099.80	1 031.26	891.71	774.60	1 210.55	996.07	0.15
长江下游	1 086.15	1 085.98	1 056.95	1 258.70	952.97	1 121.00	1 093.63	0.09

数据来源：国家气象数据共享网。

6.2 理论分析框架和模型设定

油菜生产受到各种因素的影响，如土地、劳动力、资本、技术、气候等，其中，气候因素包括温度和降水等。本文将气候因素作为外生变量引入生产函数，外生变量指受外部条件支配、影响其他变量但不受其他变量影响的变量：

$$Y = f(L, K, C, T) \tag{6-1}$$

其中，Y 为单位土地面积产出，L 为单位土地面积劳动投入，K 为单位土地面积资本投入，C 指气候因素，T 代表时间趋势变量。

由于因变量和自变量的对数形式服从近似正态分布，所以将模型中的因变量和自变量均取对数形式。其次需要决定模型自变量取线性形式还是二次项形式。本章研究的是多个区域，分别对每个区域的数据建模，理想情况是针对每个区域选择最合适的模型。然而，为了使得各区域的模型结果具有可比性，同时遵循简约原则，在反复对比不同模型的结果之后，本文选择线性形式。模型形式如下：

$$\ln y_{rij} = (\alpha_0 + \alpha_t t) + \sum_{h=1}^{4} w_{rh} \ln C_{rhij} + \sum_{k=1}^{3} \beta_{rk} \ln x_{rkij} + \sum_{m=1}^{5} \delta_{rm} z_{mij} + \gamma_r D_r + \mu_{rij} \tag{6-2}$$

其中，ln 为自然对数；$t=1$，2，…，6 代表研究年份（2008—2013 年），用来表示希克斯中性技术进步，即不改变资本和劳动的边际产量比率的技术进步，希克斯中性技术进步使得资本和劳动的效率同步提高，产出增长；y_{rij} 为油菜单产，表示 r 地区 i 农户在 j 年的油菜单产水平，r 为冬油菜 6 个主产区，j 为时间（年）；C_{rhij} 为气候变量，代表 r 地区 i 农户在 j 年种植的油菜在 h 生长阶段的气候因素，包括平均温度（TEM）、累计降水量（AP）和累积日照时数（ASH）。x 为油菜生产单位面积物质投入，包括劳动力（L）、化肥（F）、其他物质投入（OM，包括种子、农药、机械、农膜和灌溉等）。z 代表其他可能影响油菜产量的社会经济因素。α，w，β，δ，γ 为待估系数，μ 为随机误差。

6.3 数据来源、变量说明

6.3.1 数据来源

本章用到的农户数据来自 2008—2013 年国家油菜现代产业技术体系年度调查数据（14 个冬油菜主产省的 136 个县（区）的总共 3 743 户油菜种植户），气候数据来自国家气象数据共享网。14 个冬油菜主产省归类为 7 个主产区域（详见第 4 章），由于区域Ⅶ的样本量太少，未采用这一区域的数据。所以，本章重点分析了其他 6 个冬油菜主产区域。剔除无效样本，得到有效的连续观测农户共 2 566 个，来自 104 个县（区）。

6.3.2 变量说明

模型因变量为每公顷油菜产量，自变量包括气候变量（温度、降水、日照时数等）和单位面积物质投入（劳动力、化肥、种子、农药、机械、农膜和灌溉等费用）。其中，种子、农药、机械、农膜和灌溉等费用归类为“其他费用”。另外，一组代表农户家庭特征和种植管理水平的变量也纳入模型自变量之中，主要包括户主年龄、受教育年数、油菜种植面积占耕地面积比重、家庭务农收入、户主每年接受农技培训次数、户主是否是村干部。变量进行了必要的处理，其中，各年费用类变量数据均以2008年为基期，利用《中国统计年鉴》中的“种植业生产资料价格指数”进行平减。各主要变量的说明和描述性统计见表6-5、表6-6。变量定义如下：

表6-5 变量说明

变量	来源	数据层面	频率	数据处理
Yield（*Y*）	农户调研数据	农户	每年	对数化
Labour（*L*）	农户调研数据	农户	每年	除以种植面积、对数化
Fertilizer（*F*）	农户调研数据	农户	每年	除以种植面积、价格平减、对数化
Other input（*OM*）	农户调研数据	农户	每年	除以种植面积、价格平减、对数化
AP	国家气象数据共享网	县（市、区）	每天	各生长阶段累计降水、对数化
TEM	国家气象数据共享网	县（市、区）	每天	各生长阶段日平均温度、对数化
ASH	国家气象数据共享网	县（市、区）	每天	各生长阶段累积日照时数、对数化
AGE	农户调研数据	农户	每年	—
Education（*Edu*）	农户调研数据	农户	每年	—
Training times	农户调研数据	农户	每年	—
Social status	农户调研数据	农户	每年	—
Rapeseed area%	农户调研数据	农户	每年	—
Nonagr. income%	农户调研数据	农户	每年	—

表6-6 数据平均值

变量	单位	Ⅰ	Ⅱ	Ⅲ	Ⅳ	Ⅴ	Ⅵ	ALL
Yield（*Y*）	千克/公顷	1 615.0	2 122.2	2 167.9	2 346.0	2 117.1	2 716.9	2 283.2
传统投入								
Labour（*L*）	标准劳动日	119.5	94.0	154.5	144.4	91.4	127.1	126.1
Fertilizer（*F*）	元/公顷	104.4	145.8	114.7	137.0	128.7	146.0	124.8
Other input（*Om*）	元/公顷	67.6	108.5	46.4	73.1	89.8	30.8	71.4
苗期								
*TEM*1	摄氏度	17.27	8.77	10.70	12.75	11.84	10.47	11.97
*AP*1	毫米	96.4	152.1	134.4	172.9	184.8	292.8	175.7
*ASH*1	小时	307.6	534.4	314.0	189.0	524.5	583.4	418.7

（续）

变量	单位	Ⅰ	Ⅱ	Ⅲ	Ⅳ	Ⅴ	Ⅵ	*ALL*
蕾薹期								
TEM2	摄氏度	9.46	5.12	6.61	7.83	6.91	8.81	7.46
AP2	毫米	111.1	46.4	12.0	15.3	109.3	109.5	58.7
ASH2	小时	99.7	100.5	217.7	41.7	147.1	136.1	118.9
开花期								
TEM3	摄氏度	13.67	11.14	10.80	12.31	13.25	14.58	12.62
AP3	毫米	70.6	63.7	22.6	16.1	125.7	78.0	60.9
ASH3	小时	47.2	159.7	135.8	74.8	114.6	165.7	121.5
成熟期								
TEM4	摄氏度	19.45	19.05	15.20	17.49	19.01	20.89	18.52
AP4	毫米	154.1	103.1	96.0	87.8	158.5	101.3	120.1
ASH4	小时	93.8	268.2	191.7	147.1	211.8	208.5	195.1
全生育期								
TEM	摄氏度	14.78	10.58	10.97	12.95	11.75	12.20	12.20
AP	毫米	436.46	363.76	267.57	292.12	577.38	581.54	419.80
ASH	小时	537.63	1 072.86	857.75	452.56	996.07	1 093.63	835.08
农户特征								
Age	年	48.4	53.5	49.8	55.8	53.1	58.2	52.8
Edu	年	8.9	8.0	8.1	7.6	8.5	8.1	8.4
Training	次/年	3.2	3.0	2.8	3.9	2.2	2.7	3.0
Social status	—	0.2	0.1	0.1	0.2	0.2	0.2	0.1
Rapeseed area%	%	0.3	0.4	0.6	0.5	0.6	0.4	0.5
Nonagr. Income%	%	57.00	59.00	60.00	73.00	55.00	73.00	62.83
其他变量								
Time	年	3.5	3.5	3.5	3.5	3.5	3.5	3.5

（1）产出变量 Y：农户年内种植油菜的单产，单位为千克/公顷。

（2）温度 TEM：油菜各生长阶段日平均温度，单位为摄氏度。

（3）降水 AP：油菜各生长阶段累计降水量，单位为毫米。

（4）日照时数 ASH：油菜各生长阶段累积日照时数，单位为小时。

（5）投入变量 K：农户年内种植油菜的化肥费用，单位为元/公顷。由于油菜生长期间需要施用不同品种的化肥，数量难以综合，用价值量来衡量更便于计算。

（6）投入变量 L：农户年内种植油菜所投入的劳动力数量，单位为"标准劳动日"，即一个中等劳动力每天正常劳动 8 小时（包括生产者和雇佣工人）的劳动天数。

（7）投入变量 OM：农户年内种植油菜除化肥费用之外的其他费用，包括种子、农药、机械、农膜和灌溉等费用，同样采用物质费用这一指标对这些投入进行综合，单位为元/公顷。

（8）农户年龄 Age：农户年龄对于油菜单产的影响有两方面。一方面，通常年纪更大的农户在油菜生产管理上更有经验；另一方面，年纪更大的农户在劳动力投入量方面可能不如年轻农户，且接受新品种和新技术的可能性也可能低于年轻农户。所以，农户年龄对油菜单产的影响方向不确定。

（9）农户接受正规教育程度 $Education$：通常采用在学校接受的正规教育年数，这代表农户的人力资本存量水平。教育作为人力资本投资的最重要手段，对经济或收入增长有显著的贡献，原因在于人力资本投资是一种特殊的投资，可以提高周围生产要素品质。一方面，教育通过"内部效应"（Internal Effect）直接提高人力资源质量和个人能力，激发技术进步和创新；另一方面，教育具有正的"外部效应"（External Effect），通过"外部效应"对经济增长做出贡献（李谷成，2009）。可见，农户接受正规教育程度对油菜单产水平的提高有正向的促进作用。

（10）技术培训 $Training$：农户年内参加农业技术培训的次数。作为农户接受非正规教育的重要途径，技术培训也是人力资本投资的重要内容。农业受自然气候条件、生态环境和基础设施条件的影响很大，因此，农户需要适时调整农业技术，以适应自然环境的变化和基础设施的改良。

可见，技术培训对油菜单产的提高有促进作用。

（11）油菜种植面积占耕地面积比例 *Rapeseed area%*：油菜种植面积所占比重用以反映农户种植油菜的技术水平，油菜面积比重高的农户，油菜生产技术很有可能更好。另外，这一比例也可以一定程度上反映土壤在种植油菜上的适宜性。但是，油菜种植面积所占比例较高的农户在进行轮作的时候，其选择性降低，可能会对油菜单产产生负面影响。所以，油菜种植面积占耕地面积比例对油菜单产的影响不确定。

（12）农户家庭非务农收入占家庭总收入的比重 *Nonagr. income%*：由于中国经济正经历城市化和工业化进程，大量非农就业机会涌现，农村青壮年和高素质劳动力向城市转移，这一现象对农作物单产造成的影响体现在两个方面。一方面，使得留守在农村从事农业活动的农民多数为“弱势”群体，农业技术难以推广扩散；另一方面，农业经营出现劳动力季节性供给不足，劳动时间投入不足，农业生产过程中出现“粗放管理”现象。因此，农户家庭非务农收入占比对油菜单产可能有负影响。

（13）家庭背景 *Social status*：户主是否是国家干部或乡村干部。虚拟变量被用来衡量农户家庭背景状况对油菜单产的影响，如果户主是国家干部或乡村干部，则该虚拟变量为 1，否则为 0。一般来说，干部身份与其个人能力相关，有能力的人更容易被选为干部。更重要的是，干部身份往往意味着该农户比非干部农户可能获取更多的可支配性资源和市场信息，特别是其具有更多的社会关系，这些效应会给油菜单产带来正向影响。但是，在假定农户对休闲的偏好和其他条件不变的情况下，农户在分配时间过程中也遵循效用最大化原则，而农业生产比较效益通常较低，可以想见，对比普通农户，具有干部身份的农户会配置较少的时间和精力在农业生产上，且他们一般拥有更多的非农就业机会。综合来看，是否拥有干部身份对油菜生产单产的影响不明确，有待实证结果的检验。除此之外，该变量可能与受教育程度变量（*Education*）存在共线性，因而在估计之前对这两个变量的共线性进行了检验，发现共线性可以忽略不计，所以对估计结果不会产生太大影响。

6.4 模型选择与估计结果

6.4.1 模型选择

首先，本书利用相关矩阵检验了自变量之间的相关性问题，发现各自变量之间相关性问题可以忽略不计。其次，通过画出因变量和自变量的概率分布图，将因变量和自变量数据中的个别异常值剔除。由于所估计的数据为面板数据，利用 F 检验和 Hausman 检验选择采用混合效应模型、固定效应模型和随机效应模型。经检验，均采用固定效应模型。

6.4.2 估计结果

本文对各主产区分别进行了两次建模，气候变量分别采用全生育期的气候变量和 4 个不同生长阶段的气候变量，非气候变量不变。采用全生育期的气候变量是为了在空间区域上比较气候变量对各主产区单产的影响，以便明确受气候因素影响更大的区域以及关键气候因素（表 6－7）。采用 4 个生长阶段气候变量是为了在时间上分析各个生长阶段气候变量对油菜单产的影响（表 6－8），以便明确关键生长阶段。由于两次建模中均纳入了非气候变量，只对采用全生育期气候变量模型中的非气候变量的产出弹性进行分析。

各主产区模型的调整 R^2 均已经可以说明问题，F 检验结果说明模型中各变量对因变量的联合影响极显著。

表 6－7　全生育期气候因素和其他因素对油菜单产影响的估计结果

变量	Ⅰ	Ⅱ	Ⅲ	Ⅳ	Ⅴ	Ⅵ
C	7.80***	6.08***	5.54***	7.69***	5.31***	9.19***
T	0.04**	−0.05***	−0.01	0.03***	0.02***	−0.01
log（TEM）	−0.73**	0.45	0.16	−0.19	0	−0.14
log（AP）	−0.07	0.11	0.18***	−0.01	0.07***	−0.08**

（续）

变量	Ⅰ	Ⅱ	Ⅲ	Ⅳ	Ⅴ	Ⅵ
log（*ASH*）	0.12	−0.05	0.06	0.03	0.19***	−0.23**
log（*L*）	0.16***	0.05*	0.06***	0.11***	0.08***	0.16***
log（*F*）	−0.02	0.02	0.01	0.01	0.02***	0.01*
log（*OM*）	0.01	0.01	0.01	0.02*	0.02***	0.01
Ratio	−0.57***	−0.65***	−0.49***	−0.50***	−0.21***	−0.20**
Nonagriincome	0.04	−0.16*	0.05	−0.05	0.01	−0.05
Age	−0.01	0	0	0	0	0.01
Edu	0.09***	0.02	−0.01	−0.01	0.01*	−0.01
Training	−0.03	0	0.03***	0	0.02***	0
Dsocial	0.06	−0.04	0.08	−0.03	0	0.02
Adjusted R^2	0.47	0.37	0.66	0.57	0.54	0.62
Prob（*F-statistic*）	0	0	0	0	0	0
Cross-sections	111	302	370	345	1 126	312

注：***、**和*分别表示1%、5%和10%显著水平。

表6-8　冬油菜不同生长阶段气候因素和其他因素对油菜单产影响的估计结果

变量	Ⅰ	Ⅱ	Ⅲ	Ⅳ	Ⅴ	Ⅵ
ln（*TEM*1）	10.1	−0.36	1.00***	−0.2	0.41***	1.17
ln（*AP*1）	0.13	0.18**	0.06	−0.01	0.03***	−0.37**
ln（*ASH*1）	1.88***	−0.08	−0.22*	−0.01	−0.02	−1.19*
ln（*TEM*2）	2.5	0.03	−0.06***	−0.02	0.01	0.85**
ln（*AP*2）	0.6	0.10*	0.06**	−0.02	0.01	0.03
ln（*ASH*2）	−0.74*	−0.04	0.09**	0.01	0	0.3
ln（*TEM*3）	6.19	0.5	−0.36**	0.06	−0.01	−1.55
ln（*AP*3）	0.06	−0.01	0.01	−0.01	0.01	−0.1
ln（*ASH*3）	−0.06	−0.44*	0.16***	−0.04	0.04*	0.12
ln（*TEM*4）	−18.86	0.36	−0.77	−0.4	−0.24**	0.77
ln（*AP*4）	0.04	0.02	0	0.01	−0.01	−0.09*
ln（*ASH*4）	5.98	0.60***	0.22*	0.1	0.15***	−0.53***
ln（*L*）	0.19***	0.07**	0.06	0.11***	0.08***	0.15***
ln（*F*）	−0.04**	0.02	0.01	0.01	0.02***	0.01*

（续）

变量	Ⅰ	Ⅱ	Ⅲ	Ⅳ	Ⅴ	Ⅵ
ln（*OM*）	0.02*	0	0	0.02	0.02***	0.01
Ratio	−0.14	−0.69***	−0.53***	−0.50***	−0.21***	−0.21**
Nonagriincome	0.04	−0.16*	0.05	−0.05	0.01	−0.11*
Age	0	0	0	0	0	0.01*
Edu	0.01	0.01	−0.02	−0.01	0.01	−0.01
Training	−0.04***	0	0.03***	0	0.02***	−0.01
Social status	0.05	−0.03	0.07	−0.03	0	0
C	−26.21	4.19*	6.56***	8.77***	5.81***	14.84***
T	0	−0.04*	0.01	0.02	0.02***	0.02
Adjusted R^2	0.27	0.39	0.66	0.57	0.54	0.63
Prob（*F-statistic*）	0	0	0	0	0	0
Cross-sections	111	302	370	345	1 126	312

注：***、** 和 * 分别表示 1%、5%和 15%显著水平。

6.5 结果分析与讨论

6.5.1 气候变化对油菜单产影响的区域差异分析

以温度、时间趋势项为例，自变量的产出弹性计算如下：

$$\frac{\partial Y/Y}{\partial TEM/TEM}=\frac{\partial \ln Y}{\partial \ln TEM}=w$$

$$\frac{\partial Y/Y}{\partial T/T}=\frac{\partial \ln Y}{\partial T}\times T=\alpha_t\times T$$

其中，时间趋势项的产出弹性为样本算术平均值处的产出弹性。根据样本年度内气候变量的总体变化范围，可计算出油菜生长期温度、降水量和日照时数变化对油菜单产的边际影响。边际影响表示在其他投入因素不变的情况下，温度、降水量和日照时数变化一个单位所引起的油菜单产变动百分比。边际影响的计算如下：

$$\frac{\partial Y/Y}{\partial TEM}=\frac{\partial Y/Y}{\partial TEM/TEM}\times\frac{1}{TEM}$$

$$\frac{\partial Y/Y}{\partial AP}=\frac{\partial Y/Y}{\partial AP/AP}\times\frac{1}{AP}$$

$$\frac{\partial Y/Y}{\partial ASH}=\frac{\partial Y/Y}{\partial ASH/ASH}\times\frac{1}{ASH}$$

上述公式的右式中均含有自变量，说明不同的温度、累计降水量和累积日照时数，其变动对单产的边际影响不同。但是，根据温度、累计降水量和累积日照时数的变动范围，可以求解出边际影响的范围。

气候变化对油菜单产增长百分比的贡献（以下简称对油菜单产增长贡献率）表示在研究年份内（2008—2013 年），因气候因素变化而导致的单产变动率。研究年份内温度、累计降水量和累积日照时数对油菜单产增长贡献率为其产出弹性与同期气候因素变化百分比之积。以区域Ⅰ和温度为例，计算如下：

$$\frac{\partial Y}{Y}=\frac{\partial Y/Y}{\partial TEM/TEM}\times\frac{\partial TEM}{TEM}$$

其中，$\frac{\partial TEM}{TEM}$为温度变化率，计算如下：

$$\frac{(TEM_{2013}-TEM_{2008})}{TEM_{2008}}\times 100$$

其中 TEM_{2008} 和 TEM_{2013} 分别表示 2008 年和 2013 年区域Ⅰ样本县（市、区）的日均气温。

（1）温度对油菜单产影响的区域差异分析。温度升高对华南沿海的油菜单产的负影响最大，对黄淮平原的油菜单产正影响最大。从产出弹性角度来看，温度每升高 1%，华南沿海、四川盆地、长江下游区油菜单产分别减产 0.73%、0.19%、0.14%，而黄淮平原和云贵高原区油菜单产则分别增产 0.45%和 0.16%（表 6-9）。

表 6-9　气候变量的产出弹性

单位：%

气候因素	华南沿海	黄淮平原	云贵高原	四川盆地	长江中游	长江下游
温度	−0.73	0.45	0.16	−0.19	−0.00	−0.14
降水	−0.07	0.11	0.18	−0.01	0.07	−0.08
日照时数	0.12	−0.05	0.06	0.03	0.19	−0.23

从边际影响角度来看，温度每升高1℃，华南沿海、四川盆地、长江下游和长江中游地区油菜单产分别减产4.35%～5.76%、1.72%～4.24%、1.04%～1.31%和0.03%～0.05%，而黄淮平原和云贵高原地区油菜单产则分别增产3.60%～5.02%和0.97%～1.72%（表6-10）。

表6-10 气候变量对油菜单产的边际影响范围

单位：%

气候因素	华南沿海	黄淮平原	云贵高原	四川盆地	长江中游	长江下游
温度	−5.760～−4.350	3.600～5.020	0.970～1.724	−4.239～−1.723	−0.046～−0.029	−1.308～−1.036
降水	−0.035～−0.010	0.015～0.091	0.021～0.495	−0.011～−0.002	0.007～0.064	−0.034～−0.009
日照时数	0.039～0.016	−0.007～−0.003	0.003～0.024	0.004～0.017	0.014～0.043	−0.032～−0.015

对比纬度较高的地区，纬度较低地区的农作物更容易因气候变暖而减产，且减产幅度更大（Easterling et al.，2007），本章结果也证明了这一结论。因此，温度升高对纬度较高的黄淮平原和云贵高原的油菜单产有利，而对低纬度的华南沿海、长江下游、长江中游和四川盆地的油菜单产有负影响。

（2）降水对油菜单产影响的区域差异分析。降水增加对长江下游地区的油菜单产的负影响最大，对云贵高原、黄淮平原的油菜单产的正影响最大。就产出弹性而言，油菜生育期内累计降水每增加1%，长江下游、华南沿海和四川盆地的油菜单产分别减产0.08%、0.07%和0.01%，而云贵高原、黄淮平原和长江中游地区的油菜单产分别增产0.18%、0.11%和0.07%。由于长江下游地势较低，水渍害是影响油菜单产主要的灾害，降水增加容易对这一地区的油菜单产带来负影响。

从边际影响来看，油菜生育期累计降水每增加1毫米，长江下游、华南沿海和四川盆地的油菜单产分别减产0.009%～0.034%、0.010%～0.035%和0.002%～0.011%，而云贵高原、黄淮平原和长江中游地区的油菜单产则分别增产 0.021%～0.495%、0.015%～0.091%和 0.007%～0.064%。

(3) 日照时数对油菜单产影响的区域差异分析。除了黄淮平原和长江下游地区之外，油菜生育期内的累积日照时数对油菜单产的影响均为正向。从产出弹性来看，生育期内的累积日照时数每增加 1%，长江下游和黄淮平原油菜单产分别减产 0.23%和 0.05%，而长江中游、华南沿海、云贵高原和四川盆地的油菜单产则分别增产 0.19%、0.12%、0.06%和 0.03%。

从边际影响来看，生育期内的累积日照时数每增加 1 小时，长江下游和黄淮平原的油菜单产分别减产 0.015%～0.032%和 0.003%～0.007%，而长江中游、华南沿海、云贵高原和四川盆地地区油菜单产则分别增产 0.014%～0.043%、0.039%～0.016%、0.003%～0.024%和 0.004%～0.017%。

(4) 气候变化对油菜单产增长的贡献率。气候变化对油菜单产增长的贡献率是指在研究年份内（2008—2013 年），各地区因气候因素变化而带来的单产变动，即为气候因素的产出弹性与气候因素变化率的乘积（公式见 6.5.1）。比如，华南沿海地区温度的产出弹性为－0.73，而该地区 2008—2013 年日平均温度的变化率为 5.46%（气候因子变化率计算公式见 6.5.1），所以研究年份内温度变化对华南沿海地区油菜单产增长的贡献率为－3.98%，即由于温度变化而导致华南沿海地区油菜单产减少 3.98%。可见，温度变化对华南沿海地区油菜单产有负影响，并且由于在研究年份内温度变化率为正，所以温度是华南沿海地区油菜单产的减产因素[①]。

从表 6－11 可以看出，研究年份内，除四川盆地和长江中游地区之外，气候变化对其他油菜主产区单产增长百分比的贡献均为负。其中，气

① 为了便于理解和阐述，本文在此使用“减产因素”和“增产因素”，来分别指对油菜单产增长的贡献率为负和为正的因素。

候变化对长江中游地区油菜单产增长百分比的正贡献率最大，为7.49%，表明7.49%的单产增长来自气候变化。而在华南沿海地区，气候变化对油菜单产增长百分比的负贡献率最大，为－9.34%，表明气候变化导致该区域油菜单产减少9.34%。因气候变化而减产的地区减产大小依次排列为华南沿海＞长江下游＞云贵高原＞黄淮平原，分别减产9.34%、1.56%、1.11%、0.97%。

表6－11　气候变化对油菜单产增长百分比的贡献

单位：%

影响因素	华南沿海	黄淮平原	云贵高原	四川盆地	长江中游	长江下游
温度	－3.98	－0.07	－1.4	－1.21	－0.01	0.48
降水	－1.57	－1.36	0.39	0.24	2.84	－1.29
日照时数	－3.8	0.46	－0.1	1.16	4.66	－0.75
气候变量	－9.34	－0.97	－1.11	0.19	7.49	－1.56

就华南沿海地区而言，研究年份内温度、降水和日照时数均是该产区油菜单产减产的因素，且温度变化的负贡献率最大，达－3.98%，说明该地区温度变化导致油菜单产减产3.98%；其次是日照时数，达－3.80%，说明该地区日照时数变化导致油菜单产减产3.80%。

黄淮平原的降水变化对油菜单产增长百分比的负贡献率最大，达－1.36%，说明该地区降水变化导致油菜单产减少1.36%。从前文可知，降水增效对黄淮平原油菜单产影响为正，但是由于在研究年份内该地区降水量减少，所以降水因素为该地区油菜的减产因素。其次是温度，其负贡献率为－0.07%，说明该地区温度变化导致油菜单产减少0.07%。温度升高对黄淮平原油菜单产有利，但由于研究年份内该地区日平均温度略有下降（－0.16%），所以温度也是该地区油菜的减产因素。

温度变化对云贵高原的油菜单产增长百分比的负贡献率最大，为－1.40%，其次是日照时数，为－0.10%，说明该地区温度和日照时数变化分别导致油菜单产减少1.40%和0.10%。虽然前文已证实温度升高和日照时数增加对该地区油菜单产均有利，但是由于研究年份内该地区的温度和日照时数均小幅下降，所以二者均为云贵高原油菜的减产因素，而降水则为增产因素。

对于四川盆地而言，气候变化对油菜单产增长的总贡献率为正，为0.19%，说明在研究年份内，四川盆地油菜单产因气候变化增长0.19%。其中，温度为减产因素，而降水和日照时数均为增产因素。四川盆地地势较低，常年日照较少，从实证结果来看，日照时数增加对油菜单产有利，而且日照时数每增加1%，油菜单产增加0.03%（表6-9）。四川盆地的日照时数在研究年份内增长33.42%，所以日照时数对四川盆地的油菜单产增长的贡献率为1.16%。

长江中游地区是最大的油菜生产区，温度为减产因素，降水和日照时数均为增产因素。整体来看，气候变化对该地区油菜单产增长百分比的贡献为正，达7.49%，说明在研究年份内，长江中游地区7.49%的单产增长来自该地区气候变化的贡献。

降水变化对长江下游地区油菜单产增长的负贡献率最大（−1.29%），其次是日照时数（−0.75%）。长江下游地区地势低，水渍害是该地区油菜生产中较严重的自然灾害（杨立勇等，2009），降水增多对该区油菜单产有负面影响。从实证结果来看，降水每增加1%，油菜单产减少0.08%（表6-9）。在研究年份内，降水增加15.93%，所以油菜单产减少1.29%，表明长江下游地区1.29%的单产减少由降水变化导致。

6.5.2 气候因素对油菜单产影响的生长阶段层面分析

从作物学角度看，油菜在不同生长阶段对温度、水分、日照等气候条件的需求不同，那么气候因素在不同生长阶段对油菜单产的影响也不同。本节旨在分析每个油菜主产区油菜生长阶段关键气候因素对油菜单产的影响，不做绝对数值对比和横向的区域差异对比。

一方面，油菜植株新陈代谢作用随苗期和蕾薹期的温度升高而逐渐增强，但温度过高又会影响其春化作用，甚至会造成植株徒长而出现早薹和早花，生殖生长提前，植株矮小纤弱且易倒伏，最终影响了后期角果的生成；另一方面，开花期低温会影响油菜受精与结实，成熟期适宜的温度（15～20℃）则有利于其灌浆及其千粒重，从而提高油菜籽产量和质量。此外，降水量则主要通过影响土壤理化性状或根际微生态环境等影响油菜生长发育及其产量与品质（肖荣英等，2011）。

表6-12中的结果显示，苗期和蕾薹期日照时数对华南沿海地区油菜单产有显著影响。苗期降水和蕾薹期降水对黄淮平原油菜单产有显著正影响，开花期日照时数则有显著负影响。原因可能因为黄淮平原年降水量少，春旱频繁，苗期和蕾薹期降水增加对油菜单产有显著的正向作用。

表6-12 冬油菜各生长阶段气候变量的产出弹性

变量	华南沿海	黄淮平原	云贵高原	四川盆地	长江中游	长江下游
苗期温度	—	—	1	—	0.41	—
苗期降水	—	0.18	—	—	0.03	−0.37
苗期日照	1.88	—	−0.22	—	—	−1.19
蕾薹期温度	—	—	−0.06	—	—	0.85
蕾薹期降水	—	0.1	0.06	—	—	—
蕾薹期日照	−0.74	—	0.09	—	—	—
开花期温度	—	—	−0.36	—	—	—
开花期降水	—	—	—	—	—	—
开花期日照	—	−0.44	0.16	—	0.04	—
成熟期温度	—	—	—	—	−0.24	—
成熟期降水	—	—	—	—	—	−0.09
成熟期日照	—	0.6	0.22	—	0.15	−0.53

各生长阶段的气候因素对云贵高原油菜单产影响显著。苗期温度和日照时数的影响显著，且温度影响为正。蕾薹期温度、降水和日照的影响均显著，其中，温度对油菜单产有显著负影响。开花期和成熟期日照时数对油菜单产有显著正影响。

苗期温度和降水对长江中游地区油菜单产有显著正影响，开花期日照时数影响为正，成熟期温度和日照时数有显著影响。其中，温度有负影响，而日照时数有正影响。

长江下游地区雨量充沛，由于地势较低而地下水位较高，容易发生水渍灾害。实证结果表明，苗期和成熟期降水增加会给油菜单产带来负影响。

综上所述，温度在苗期、蕾薹期和开花期较关键，而降水在苗期和蕾薹期较关键，日照时数则在成熟期较关键。

6.5.3 其他因素对油菜单产影响的区域差异分析

从物质投入来看，劳动力、化肥和其他物质投入对各主产区油菜单产均有正影响，而且劳动力的影响最大（表6-13）。劳动力产出弹性最高的是长江下游和华南沿海（均为0.16）；其次是四川盆地和长江中游（分别为0.11和0.08）。随着经济的进一步发展，非农就业机会的增多使大量农村劳动力向城镇非农工作岗位转移，而留守在农村务农的均是较弱势群体，未来谁来种田的问题亟待解决。经济发展水平越好的地区，农户在当地的非农就业机会越多，从事农业活动的机会成本也越大，从而农业劳动力也就越紧缺。因此，劳动力已成为提高油菜单产的主要制约因素之一（贺亚琴等，2015）。从各地区人均地区生产总值（GDP）可以看出，与其他地区相比，长江下游地区的经济发展水平最好（表6-14），从事农业活动的劳动力稀缺程度应该最高，劳动力在农业活动上的产出弹性应该最高。从本研究结果可以看出，长江下游地区的油菜生产中劳动力的产出弹性最高，其他地区的油菜生产中劳动力的产出弹性排名基本与各地区人均GDP排名一致。可以预见，在经济进一步发展过程中，劳动力投入对油菜生产的制约性将越来越大。

化肥和其他物质投入对油菜单产的影响大致相当，且对各区域的影响差异不大。化肥在中国农业生产中的施用很密集，在油菜生产中，化肥施用量的影响同样为正，但影响程度不及劳动力因素。

表 6-13 其他变量的产出弹性

影响因素	华南沿海	黄淮平原	云贵高原	四川盆地	长江中游	长江下游
时间	0.15	−0.16	−0.03	0.1	0.08	−0.02
劳动力	0.16	0.05	0.06	0.11	0.08	0.16
化肥	−0.02	0.02	0.01	0.01	0.02	0.01
其他投入	0.01	0.01	0.01	0.02	0.02	0.01
油菜面积占比	−0.2	−0.28	−0.27	−0.27	−0.13	−0.07
非农收入占比	0.02	−0.1	0.03	−0.03	0	−0.04
年龄	−0.3	0.15	0.13	−0.09	−0.06	0.43
教育	0.82	0.13	−0.09	−0.06	0.1	−0.04
农技培训次数	−0.09	−0.01	0.08	0.01	0.05	−0.01
干部背景	0.01	−0.01	0.01	0	0	0

表 6-14 2013 年各冬油菜主产区人均 GDP

油菜主产区	人均 GDP（元）
华南沿海	30 588
黄淮平原	32 929
云贵高原	24 002
四川盆地	37 625
长江中游	37 049
长江下游	77 720

数据来源：《中国统计年鉴（2014）》。

从农户家庭特征来看，油菜面积占耕地面积的比重对油菜单产均有显著负影响。这个变量一方面反映了农户种植油菜的技术水平和土壤种植油菜的适宜性，油菜面积比重越高的农户，油菜生产技术很有可能更好，土壤也可能更适宜种油菜。但与此同时，由于油菜种植面积所占比例较高的农户在进行轮作的时候，其选择性降低，其土地轮作比例较小，可能会对油菜单产产生负面影响。本研究结果表明，油菜种植面积所占比例较高带来的负面影响超过了正面影响，所以油菜面积占耕地面积的比重较高对单产有负面影响。

农户年龄和干部背景对油菜单产的影响均不显著。农户受教育水平对长江中游和华南沿海地区油菜单产有显著正影响，农技培训次数对云贵高原和长江中游地区油菜单产有显著正影响。

6.6 本章小结

随着市场上对油菜产品需求的进一步增长，保障油菜生产稳定性以及油菜种植农户的种植利益十分重要。本章分析了气候因素和其他因素对我国冬油菜单产的影响，并分析了其对不同油菜主产区油菜单产的产出弹性、边际影响和单产增长贡献率，从气候变化的影响角度明确了关键主产区、关键生长阶段和关键气候因素，以期能为应对气候变化农业政策制定提供有用信息。主要得出以下结论：

（1）温度升高对华南沿海的油菜单产负影响最大，对黄淮平原的油菜单产正影响最大。温度每升高1%，华南沿海油菜单产减产0.73%，而黄淮平原油菜单产增产0.45%。温度升高对纬度较高的黄淮平原和云贵高原的油菜单产有利，而对低纬度的华南沿海、长江下游、长江中游和四川盆地的油菜单产则有负影响，同时证明纬度较低的地区农作物单产更容易因气候变暖而减产。

（2）降水增加对长江下游地区的油菜单产的负影响最大，对云贵高原、黄淮平原的油菜单产的正影响最大。油菜生育期累计降水每增加1%，长江下游地区的油菜单产减产0.08%，云贵高原的油菜单产增产0.18%，黄淮平原的油菜单产增产0.11%。

（3）在研究年份内，除四川盆地和长江中游地区之外，气候因素对其他地区油菜单产增长百分比的贡献均为负。其中，气候因素对长江中游地区油菜单产增长的正贡献率最大（7.49%），对华南沿海地区油菜单产增长的负贡献率最大（−9.34%）。因气候因素而减产的地区依照减产大小依次排列为华南沿海>长江下游>云贵高原>黄淮平原。

（4）劳动力、化肥和其他物质投入对各主产区油菜单产均有正影响。

其中，劳动力的影响最大。劳动力产出弹性最高的是长江下游和华南沿海；其次是四川盆地和长江中游。可以预见，随着经济进一步发展，劳动力投入对油菜生产的制约性将越来越大。从农户家庭特征来看，油菜面积占耕地面积的比重对油菜单产均有显著负影响，其他特征变量影响均不显著。

第7章 气候变化对油菜种植面积的影响

气候变化对作物单产的影响受到了极大的关注，与此同时，关于气候变化对作物生产布局的影响也日益得到更多学者的关注和研究。多种理论（如比较优势理论、区位理论、产业转移理论、生产者行为选择理论等）尝试解释农作物生产布局形成及变迁的原因，其视角主要可以分为微观层面和宏观层面。从微观层面来看，因为农业产业生产布局形成及变迁最终通过农户选择行为来完成，所以农产品价格或生产效益、其他农作物生产效益、从事农业工作的机会成本等因素均会影响农户的种植决策。从宏观层面来看，自然条件、社会经济发展、政府政策等因素也影响作物生产布局。气候条件的变化会使得一些地区更适宜种植冬油菜，而另一些地区则不适宜种植，并因此导致冬油菜生产布局的变化。随着经济发展和生产技术水平的提高，农业产业的大量劳动力得以释放，同时非农产业对劳动力的需求增长，并且相较而言，非农产业效益往往高于农业产业，因此劳动力由农业产业向非农产业转移。不同地区的经济发展水平不一，可能出现经济发展水平高的地区农业产业萎缩的现象，进而也可能导致农作物生产布局的变化。

钟甫宁等（2008）研究发现，影响农户种植决策的主要因素是农户对未来相对收益的预期和农户对过去决策的评估，并在此基础上进行修正。朱启荣（2009）研究发现棉花与其他作物的比较效益、农户的非农就业机会、农户粮食安全保障水平、灌溉条件、自然灾害、农业机械化水平、技术进步和政策等因素对棉花生产布局有影响。范英（2010）结合宏观和微观因素，认为资源、经济、市场、技术等四大因素均导致农户种植行为变化，从而带来苹果种植面积变化，最终影响苹果生产布局变迁。另外，自然灾害、农户经营规模、农业劳动力规模、技术进步、市场消费需求等因素显著影响渤海湾和黄土高原两个优势区的苹果生产布局。林毅夫（2002）认为在政府指导协调下，每个地区应该根据其资源禀赋发挥本地区的优势，从而提升产业和技术结构，促进经济快速发展。

播种面积和总产量是农作物生产布局的重要量化指标。以往相关文献绝大多数采用作物播种面积类指标作为生产布局的指标，且均选择各地区作物播种面积占播种总面积的比重作为指标（朱启荣，2009；范英，2010；张怡，2015）。气候变化（温度、降水等）及其他因素可能影响油菜播种面积。比如，由于气候变暖，过去不适宜种植冬油菜的北方地区可能适合种植，从而使得该地区冬油菜播种面积增长。但是，该地区冬油菜播种面积占冬油菜总播种面积的比重不一定会增长。如果使用播种面积所占比重这一个指标，则无法捕捉到温度变化对播种面积变化的影响。因此，本章选取油菜播种面积作为生产布局的指标。

研究作物播种面积影响因素的最常用模型是考虑适应性预期和局部调整的供给反应模型（Nerlove，1956）。本章结合微观和宏观两方面因素，将自然因素纳入 Nerlove 模型，综合考虑自然因素、种植油菜和种植争地作物的上一期收益等因素，分析气候因素及其他因素对 1979—2013 年油菜主产区油菜种植面积的影响。

7.1 冬油菜种植面积变迁

从表 7-1 可以看出，长江中游地区冬油菜播种面积呈迅速增长趋势，年平均增长率 4.79%，其他地区增长幅度较缓。增长较明显的是四川盆地亚区，年平均增长率 3.43%，年平均增长率居第二位。其次是云贵高原亚区，年平均增长率 3.04%。黄淮平原和长江下游亚区冬油菜播种面积在 2010 年之后呈下降趋势。

就各主产区油菜种植面积占冬油菜总种植面积比重来看（表 7－2），长江中游油菜种植面积比重呈上升趋势，长江下游油菜种植面积所占比重呈明显下降趋势。四川盆地和云贵高原油菜种植面积占比呈先下降后回升的态势，黄淮平原油菜种植面积占比呈略微下降趋势。

表 7－1　冬油菜种植面积变迁

单位：千公顷

年份	华南沿海	黄淮平原	云贵高原	四川盆地	长江中游	长江下游
1978	13.13	402.40	277.80	371.27	573.60	381.93
1979	9.33	444.20	266.13	400.20	709.80	433.40
1980	5.87	519.87	268.47	430.80	647.20	452.33
1981	12.00	749.67	380.73	577.07	881.93	642.60
1982	10.80	845.67	446.33	638.53	1 006.60	665.93
1983	8.53	728.00	377.87	545.27	935.47	599.07
1984	8.47	629.53	363.53	570.27	878.47	514.80
1985	9.07	957.87	404.93	839.80	948.20	786.60
1986	8.93	1 028.33	461.40	846.80	1 107.87	835.13
1987	8.73	1 243.27	503.40	834.73	1 149.13	839.93
1988	8.20	999.13	487.80	813.07	1 178.87	751.53
1989	9.73	987.73	435.67	797.87	1 336.27	819.87
1990	14.27	1 000.07	450.33	839.20	1 716.20	823.93
1991	19.47	1 143.47	505.73	901.20	1 985.00	870.07
1992	25.13	1 025.80	488.53	867.13	1 974.07	870.53
1993	31.53	950.80	422.53	710.73	1 756.67	754.67
1994	32.13	1 056.07	431.93	732.13	1 908.67	806.67
1995	61.53	1 265.53	500.07	851.73	2 466.20	905.00
1996	126.73	1 110.33	505.07	823.87	2 514.00	850.53
1997	133.40	1 079.67	494.73	792.00	2 451.53	788.93
1998	120.33	1 109.20	489.73	813.47	2 408.47	792.13
1999	106.93	1 144.40	537.73	841.73	2 477.27	850.67
2000	89.20	1 213.00	587.30	949.89	2 572.50	1 017.78
2001	76.10	1 186.20	572.50	948.00	2 423.00	1 029.50
2002	67.60	1 339.30	573.60	947.30	2 372.80	987.90
2003	61.10	1 399.10	584.40	982.50	2 313.80	950.40

（续）

年份	华南沿海	黄淮平原	云贵高原	四川盆地	长江中游	长江下游
2004	60.70	1 377.10	630.30	988.20	2 314.80	935.40
2005	60.60	1 361.40	673.90	1 004.50	2 340.60	918.50
2006	11.80	1 002.50	506.90	881.10	2 023.70	701.60
2007	11.40	976.20	484.40	882.70	1 939.20	578.20
2008	10.70	1 047.00	562.70	1 036.40	2 403.50	636.30
2009	12.37	1 103.75	720.48	1 110.22	2 720.47	676.33
2010	15.58	1 084.26	748.95	1 139.02	2 795.54	653.82
2011	15.53	1 023.93	761.87	960.40	2 851.20	620.53
2012	20.13	990.00	778.20	1 186.00	2 920.60	594.07
2013	18.80	939.40	801.60	1 213.60	3 034.20	598.30

表 7－2　冬油菜种植面积所占比重变迁

单位：%

年份	华南沿海	黄淮平原	云贵高原	四川盆地	长江中游	长江下游
1978	0.63	19.22	13.27	17.74	27.40	18.25
1979	0.40	18.99	11.38	17.11	30.34	18.53
1980	0.24	21.53	11.12	17.84	26.80	18.73
1981	0.36	22.25	11.30	17.13	26.18	19.08
1982	0.29	22.79	12.03	17.21	27.13	17.95
1983	0.26	22.06	11.45	16.52	28.34	18.15
1984	0.28	20.56	11.87	18.63	28.69	16.81
1985	0.22	23.59	9.97	20.68	23.35	19.37
1986	0.20	23.17	10.40	19.08	24.96	18.82
1987	0.18	26.28	10.64	17.64	24.29	17.75
1988	0.19	22.97	11.22	18.69	27.10	17.28
1989	0.22	21.92	9.67	17.70	29.65	18.19
1990	0.29	20.10	9.05	16.86	34.49	16.56
1991	0.35	20.53	9.08	16.18	35.63	15.62
1992	0.47	18.99	9.04	16.05	36.54	16.11
1993	0.66	19.95	8.86	14.91	36.86	15.83
1994	0.63	20.64	8.44	14.31	37.30	15.76

（续）

年份	华南沿海	黄淮平原	云贵高原	四川盆地	长江中游	长江下游
1995	0.99	20.35	8.04	13.69	39.65	14.55
1996	2.08	18.21	8.28	13.51	41.22	13.95
1997	2.26	18.30	8.38	13.42	41.55	13.37
1998	2.05	18.90	8.34	13.86	41.03	13.49
1999	1.75	18.72	8.80	13.77	40.53	13.92
2000	1.35	18.40	8.91	14.41	39.02	15.44
2001	1.19	18.53	8.94	14.81	37.84	16.08
2002	1.05	20.75	8.89	14.68	36.76	15.31
2003	0.95	21.67	9.05	15.22	35.83	14.72
2004	0.94	21.25	9.73	15.25	35.72	14.44
2005	0.93	20.82	10.31	15.36	35.80	14.05
2006	0.22	19.00	9.61	16.70	38.35	13.30
2007	0.23	19.42	9.64	17.56	38.57	11.50
2008	0.18	17.82	9.58	17.64	40.91	10.83
2009	0.19	16.88	11.02	16.98	41.61	10.34
2010	0.23	16.33	11.28	17.16	42.11	9.85
2011	0.24	15.91	11.84	14.92	44.30	9.64
2012	0.30	14.80	11.63	17.72	43.65	8.88
2013	0.28	13.79	11.77	17.82	44.55	8.79

7.2 理论基础和模型设定

理论基础部分已在第 3 章进行了详细说明。由于模型中变量的单位不一致，故对变量取自然对数。模型设定的最终形式是：

$$\ln A_{ij} = \alpha_o + \alpha_t T + \alpha_1 \ln A_{ij-1} + \alpha_2 \ln X_{ij-1} + \alpha_3 \ln C_{ij} + \alpha_4 D + \varepsilon_{ij} \tag{7-1}$$

ln 为自然对数；A_{ij} 和 A_{ij-1} 分别代表 i 省在 j 年和 $j-1$ 年的油菜种植面积；T 表示时间趋势，$T=1$，2，3，…，35 分别代表 1979—2013 年，代表希克斯中性技术进步；X_{ij-1} 代表 i 省在 $j-1$ 年种植油菜和争地作物的成本收益比，代表种植油菜的净收益和种植争地作物的净收益；C_{ij} 表示气候因素，包括温度、降雨和日照时数。模型中设置政策虚拟变量 D，反映油菜收储政策对油菜种植面积的影响。2008 年开始油菜托市收购，所以当 $j=2009$，2010，…，2013 时，$D=1$，其他年份 $D=0$。ε_{ij} 是随机误差项，α 是待估参数。

7.3 数据来源和变量说明

7.3.1 数据来源

本章模型所采用的数据为 1978—2013 年各冬油菜主产区省份的时间序列和截面数据所构成的混合截面数据（Pool Data）。各主产省油菜种植面积来自 1979—2014 年《中国统计年鉴》，油菜及其争地作物的成本收益比来自 1979—2014 年《全国农产品成本收益汇编》。温度、降水和日照时数来自国家气象数据共享网，每个主产省每年的气象数据为该省所有气象站点当年的气象数据的平均值（表 7-3）。

表 7-3　样本数据平均值

变量	单位	华南沿海	黄淮平原	云贵高原	四川盆地	长江中游	长江下游
AT	千公顷	37.221	515.169	260.14	848.497	642.512	252.706
T	年	18	18	18	18	18	18
AT _1	千公顷	37.06	507.496	252.657	824.431	824.431	250.825
$X_{rapeseed}$ _1	%	125.698	149.826	111.697	107.282	107.282	130.008
X_{other} _1	%	156.744	144.206	88.894	99.993	99.993	127.103
TEM	摄氏度	20.255	15.841	16.167	17.621	17.621	16.533
AP	毫米	1 602.383	1 055.539	1 094.862	1 019.557	1 019.557	1 223.704
ASH	小时	1 400.476	2 049.163	1 661.65	1 203.965	1 203.965	1 808.161

7.3.2 变量说明

（1）种植面积 A：主产省当年油菜种植面积，单位为千公顷。

（2）油菜成本收益比 $X_{rapeseed}$：主产省前一年油菜成本收益比，即收益与成本的比值，单位为%。成本收益比高于100%，说明种植油菜的净收益大于0，反之说明种植油菜的净收益小于0，这一指标代表种植油菜的效益。与油菜价格相比，成本收益比同时考虑到了生产成本和收益，能更好地反映油菜生产的净收益，而净收益才是农户最终考虑的油菜生产经济指标。预计油菜成本收益比对油菜种植面积有正影响。

（3）油菜争地作物成本收益比 X_{other}：主产省前一年油菜争地作物成本收益比。一般来说，各主产省冬油菜的主要争地作物是小麦，但是华南沿海地区不种植小麦，所以这一地区利用甘蔗成本收益比来替代小麦成本收益比。作为油菜的争地作物，其成本收益越高，农户越倾向于放弃种植油菜，而改种小麦或其他争地作物，所以预计争地作物成本收益比对油菜种植面积的影响为负。

（4）平均温度 TEM：主产省前一年日平均温度，由省内各气象观测站每日温度平均而来。

（5）累计降水 AP：主产省前一年累计降水量，由省内各气象观测站累计降水量平均而来。

（6）累积日照 ASH：主产省前一年累积日照时数，由省内各气象观测站累积日照时数平均而来。

（7）政策虚拟变量 D：为保护农民种植油菜积极性，防止“籽贱伤农”，国家从2008年开始实施油菜籽临时收储政策。从实施的效果来看，该政策保障了农户基本销售收入，一定程度上稳定并提升了农户种植油菜积极性。该政策对油菜种植面积有正向影响。

7.4 估计结果

与第5章和第6章一样，本章将各主产省归类为6大主产区。对于华南沿海地区和四川盆地地区，由于华南沿海地区仅包括广西壮族自治区，重庆市在1997年以前仍属四川省管辖，所以将重庆市和四川省的数据合并，且四川盆地和华南沿海地区的数据为时间序列，其他地区的数据为混合截面数据（Pool Data）。需要选择利用混合效应模型、固定效应模型还是随机效应模型，均选择固定效应模型。

从表 7-4 可以看出，模型调整 R^2 说明模型自变量对因变量的解释力度较高，F 检验结果说明自变量对于因变量的联合影响极显著。常数项在统计上不显著，表明模型不存在对因变量有显著影响的遗漏变量。

表 7-4　估计结果

变量	华南沿海	黄淮平原	云贵高原	四川盆地	长江中游	长江下游
C	−10.091	6.071**	−2.382	1.065	0.536	−0.961
T	−0.004	0.006	0.002	0.008	0.001	−0.008***
log（AT_1）	1.020***	0.758***	0.718***	0.595***	0.907***	0.954***
log（$X_{rapeseed}\_1$）	0.876**	0.137	0.191**	0.095	0.051	0.145*
log（X_{other}_1）	0.313	−0.222**	−0.089	0.058	−0.017	−0.042
log（TEM）	1.48	−1.252	1.070**	0.073	−0.054	0.314
log（AP）	−0.187	−0.156*	0.057	0.067	−0.052	0.065
log（ASH）	0.164	0.037	−0.003	0.022	0.059	−0.069
Dpolicy	0.418	−0.085	0.158**	0.018	0.04	0.036
Adjusted R-squared	0.842	0.934	0.964	0.816	0.941	0.981
Prob（*F-statistic*）	0	0	0	0	0	0

注：***、** 和 * 分别表示 1%、5%和 10%显著水平。

7.5 分析与讨论

除了时间变量和虚拟变量之外，其他自变量系数即是自变量对种植面积的弹性。时间变量对种植面积的弹性计算式如下：

$$\frac{\partial AT/AT}{\partial T/T}=\frac{\partial \ln AT}{\partial T}\times T=\alpha_t\times T \tag{7-2}$$

计算出时间变量在算术平均值处对种植面积的弹性（表 7-5）。

同第 6 章，计算出气候因素对油菜种植面积增长百分比的贡献（以下简称对油菜面积增长的贡献率），便于分析气候因素在研究年份内对油菜种植面积增长的实际贡献。研究年份内（1979—2013 年）温度、累计降水量和累积日照时数对油菜种植面积增长的贡献率为其产出弹性与同期气候因素变化百分比之积。以区域Ⅰ和温度为例，计算如下：

$$\frac{\partial AT}{AT}=\frac{\partial AT/AT}{\partial TEM/TEM}\times\frac{\partial TEM}{TEM} \qquad (7-3)$$

其中，$\frac{\partial TEM}{TEM}$为温度变化率，计算如下：

$$\frac{(TEM_{2013}-TEM_{1979})}{TEM_{1979}}\times 100$$

TEM_{1979}和 TEM_{2013} 分别表示 1979 年和 2013 年区域Ⅰ样本县（市、区）的日均气温。

表 7－5　自变量对于种植面积的弹性

自变量	华南沿海	黄淮平原	云贵高原	四川盆地	长江中游	长江下游
时间	−0.08	0.11	0.04	0.14	0.01	−0.15
上一年种植面积	1.02	0.76	0.72	0.60	0.91	0.95
上一年油菜成本收益比	0.88	0.14	0.19	0.60	0.05	0.15
上一年争地作物成本收益比	0.31	−0.22	−0.09	0.06	−0.02	−0.04
日平均温度	1.48	−1.25	1.07	0.07	−0.05	0.31
累计降水量	−0.19	−0.16	0.06	0.07	−0.05	0.07
累积日照时数	0.16	0.04	−0.00	0.02	0.06	−0.07

7.5.1 气候变化对油菜种植面积的影响

（1）区域差异性分析。温度对黄淮平原和长江中游地区的油菜种植面积均有负影响，弹性分别为−1.25 和−0.05，说明温度每升高 1%，黄淮平原和长江中游地区油菜种植面积减少 1.25%和 0.05%。温度对华南沿海、云贵高原、四川盆地和长江下游地区的油菜面积均有正影响，弹性分别为 1.48、1.07、0.07 和 0.31，说明温度每升高 1%，华南沿海、云贵高原、四川盆地和长江下游地区油菜种植面积分别增加 1.48%、1.07%、0.07%和 0.31%。

降水对云贵高原、四川盆地和长江下游地区油菜种植面积有正影响，弹性分别为0.06、0.07和0.07，说明累计降水每增加1%，云贵高原、四川盆地和长江下游地区油菜种植面积分别增加0.06%、0.07%和0.07%。降水对其他地区则有负影响，累计降水每增加1%，华南沿海、黄淮平原、长江中游地区油菜种植面积分别减少0.19%、0.15%和0.05%。

日照时数对云贵高原和长江下游地区油菜种植面积均有负影响，其中，对长江下游地区油菜种植面积影响较大，累积日照时数每增加1%，长江下游地区油菜种植面积减少0.07%。日照时数对其他地区有正影响，并且按照正影响的大小排列为华南沿海＞长江中游＞黄淮平原＞四川盆地，日照时数增加1%，这些地区油菜种植面积分别增加0.16%、0.06%、0.04%和0.02%。

(2) 各气候因素对油菜种植面积影响的差异性分析。在不同的主产区，温度、降水和日照时数对油菜种植面积的影响方向和大小均不同。但是，从影响的绝对值来看，温度对绝大多数主产区油菜种植面积的影响最大，其次是降水，日照时数的影响最小。

(3) 气候变化对油菜种植面积增长的贡献率。从表7-6可以看出，气候变化对华南沿海、黄淮平原和长江中游地区油菜种植面积增长的贡献率均为负，并且按照负贡献率的大小排列为黄淮平原＞华南沿海＞长江中游，分别为−10.44%、−8.59%和−4.59%，说明在研究年份内，气候变化导致黄淮平原、华南沿海和长江中游油菜种植面积分别减少10.44%、8.59%和4.59%。气候变化对云贵高原、四川盆地和长江下游地区油菜种植面积增长的贡献率均为正，并且按照正贡献率的大小排列为长江下游＞云贵高原＞四川盆地，分别为5.87%、5.63%和0.74%，说明在研究年份内，云贵高原、四川盆地和长江下游地区油菜种植面积因气候变化而增加5.87%、5.63%和0.74%。

温度变化对黄淮平原、云贵高原和长江中游地区油菜种植面积增长的贡献率为正。其中，对云贵高原地区油菜种植面积增长的贡献率最大，达

6.35%。其次是黄淮平原地区，达2.23%。

降水变化对四川盆地和长江下游地区油菜种植面积增长的贡献率为正（分别为1.82%和5.48%），对其他地区油菜种植面积增长的贡献率均为负。

除了云贵高原和长江下游地区外，日照时数变化对其他地区油菜种植面积增长的贡献率均为负。其中，对华南沿海的负贡献率最大，达−4.82%，其次是长江中游，达−1.97%。

表7-6 气候因素对于种植面积增长的贡献率

单位：%

气候因素	华南沿海	黄淮平原	云贵高原	四川盆地	长江中游	长江下游
日平均温度	−2.81	2.23	6.35	−0.12	0.03	−0.96
累计降水量	−0.96	−11.54	−0.75	1.82	−2.65	5.48
累积日照时数	−4.82	−1.14	0.03	−0.95	−1.97	1.35
气候因素	−8.59	−10.44	5.63	0.74	−4.59	5.87

7.5.2 其他因素对油菜种植面积的影响

上一年油菜种植面积对当年油菜种植面积有显著正影响。上一年油菜种植面积对各主产区当年油菜种植面积的弹性分别为1.02、0.76、0.72、0.60、0.91和0.95，这说明农户油菜种植面积决策受过去一年的决策影响很大。农作物成本收益比代表农作物的种植效益，上一年油菜种植效益高则农户对当年种植效益期望高，农户种植积极性相应较高，反之则低。研究结果显示，上一年油菜种植效益对当年油菜种植面积有正影响，其中，上一年油菜种植效益对各主产区当年油菜种植面积的弹性分别为华南沿海0.88、黄淮平原0.14、云贵高原0.19、四川盆地0.60、长江中游0.05、长江下游0.15，说明华南沿海地区农户油菜种植面积决策受上一年效益的影响最大。

油菜籽临时收储政策对油菜种植面积有正影响，说明该政策的实施一定程度上提升了农户种植积极性。除了华南沿海和长江下游地区，其他地区年均技术进步率均为正，但不显著。上一年油菜争地作物成本收益比对当年油菜种植面积的影响不显著。

7.6 本章小结

本章将气候因素纳入模型，以温度、降水和日照时数作为气候因素指标，考察了 1979—2013 年气候因素对各主产区冬油菜生产布局的影响，得出结论如下：

（1）温度对黄淮平原和长江中游地区的油菜种植面积均有负影响，弹性分别为－1.25 和－0.05；对华南沿海、云贵高原、四川盆地和长江下游地区的油菜面积有正影响，特别是对云贵高原具有显著正影响。降水对云贵高原、四川盆地和长江下游地区油菜种植面积均有正影响，对其他地区则有负影响，并且按照负影响的绝对值大小排列为华南沿海>黄淮平原>长江中游。

（2）从影响的绝对值来看，温度对绝大多数油菜主产区种植面积的影响最大，其次是降水，日照时数的影响最小。

（3）研究年份内，气候变化对华南沿海、黄淮平原和长江中游地区的油菜种植面积增长的贡献率均为负，而对云贵高原、四川盆地和长江下游地区油菜种植面积增长的贡献率为正。

（4）上一年油菜种植面积对当年油菜种植面积有显著正影响，说明农户油菜种植面积决策受过去一年的决策影响很大。前一年油菜成本收益比对当年油菜种植面积有正影响。油菜籽临时收储政策对油菜种植面积有正影响，说明该政策的实施一定程度上提升了农户种植积极性。

未来气候变化对中国油菜总产量的影响

8.1 IPCC 第五次评估报告中的气候预测结论

IPCC 的各次评估报告均对全球 21 世纪最后十年的平均温度变化和二氧化碳排放浓度进行了预测，迄今为止，IPCC 已分别于 1990 年、1995 年、2001 年、2007 年和 2014 年发布评估报告（Assessment Report，AR）。进行未来气候变化预估的基础是温室气体排放情景，AR5 之前应用的情景设计是在 AR3 中完成的，称为排放情景特别报告（Special Report on Emission Scenarios，SRES）。SRES 为未来世界设计了 4 种可能的社会发展模式，并根据各种发展模式进行预测。这 4 种可能的社会经济发展框架分别是：A1、A2、B1 和 B2。

A1 情景中，未来经济快速发展，全球合作，全球人口数在 21 世纪中叶达到最大并开始下降。根据能源技术水平不同，A1 分为三种情形：A1F1 是高排放情景，A1B 是中等排放情景，A1T 是低排放情景。

A2 情景是二氧化碳中高排放情景，描述的未来世界发展不平衡，各国实行贸易保护，生产力缓慢趋同，人口持续性增长。

B1 情景是二氧化碳低排放情景，强调经济、社会和环境可持续性，全球人口趋于稳定。

B2 情景是二氧化碳中低排放情景，该情景中描述的未来世界经济发展处于中等水平，关注经济、社会和环境持续发展，生态环境有区域性的改善。

在 AR5 中采用了新一代的情景，称为“典型浓度路径”情景（Representative Concentration Pathways，RCPs）。4 种情景分别为：RCP8. 5、RCP6、RCP4. 5 和 RCP2. 6。具体如下：

RCP8. 5 情景是温室气体排放最高的情景。假定人口最多、能源利用效率改善缓慢且技术革新率不高，能源需求长时间较高，温室气体排放长时间较多，应对政策缺位，2100 年辐射强迫稳定在每平方米 8. 5 瓦。

RCP6 情景反映全球温室气体生存期长、物质排放生存期短，到 2100 年辐射强迫稳定在每平方米 6. 0 瓦。

RCP4. 5 情景中，假定为了限制温室气体排放，能源体系改变，低排放能源技术大量采用，2100 年辐射强迫稳定在每平方米 4. 5 瓦。

RCP2. 6 情景中，假定所有国家参与减少温室气体排放行动，2010—2100 年累计温室气体排放较基准年减少 70%，到 2100 年辐射强迫稳定在每平方米 2. 6 瓦。

RCP8. 5、RCP6 和 RCP4. 5 大致与 SRES 中 A2、A1B、B1 相对应。

IPCC 在各次报告中的预测结果如表 8-1 所示。

第五次评估报告（AR5）中对 21 世纪中期和末期全球平均地表气温变化具体预测如表 8-2 所示。

表 8-1　IPCC 对全球 21 世纪 90 年代（2090s）的温度变化预测结果

单位:℃

IPCC 各次报告	温度变化估计范围
AR1（1990 年）	1. 9～5. 2
补充报告（1992 年）	0. 3～5. 3
AR2（1995 年）	1. 0～4. 6
AR3（2001 年）	0. 9～5. 8
AR4（2007 年）	1. 1～6. 4
AR5（2014 年）	0. 3～4. 8

资料来源：AR1—AR5。

表 8-2　21 世纪中期和末期相对基准期 1986—2005 年全球平均地表气温变化

单位：℃

情景	2050s（2046—2065 年）		2090s（2081—2100 年）	
	平均值	范围	平均值	范围
RCP2.6	1	0.4～1.6	1	0.3～1.7
RCP4.5	1.4	0.9～2.0	1.8	1.1～2.6
RCP6	1.3	0.8～1.8	2.2	1.4～3.1
RCP8.5	2	1.4～2.6	3.7	2.6～4.8

资料来源：AR5。

8.2 中国气候变化预测

近 100 年来，中国的气候变化与全球变化有一致性，但也有明显差别：年平均地表气温明显增加，增加幅度略高于全球同期平均值，而降水量变化趋势不明显，但自从 1956 年以来呈微弱增加趋势。

全球变暖背景下，区域气候变化的预测引起了国内外气候学家的关注。近些年，中国科学家对中国未来气候变化的预估做了大量研究。姜大膀等（2004）分析指出中国东北、西部和华中地区年均气温增幅较大，降水量普遍增加。赵宗慈等（2007）指出，到 21 世纪后期中国气温升高范围在 0.7～9.2℃。熊伟等（2006）研究发现，在 B2 和 A2 排放情景下，2050s 中国温度分别上升 1.5℃和 2.6℃。可见，不同气候模式对区域气候变化的预估结果有差别。

气候变化国家评估报告对中国未来气候变化也进行了预测，报告中利用中国研制的全球海气耦合模式，并参考 IPCC 报告中温室气体排放情景，综合 IPCC 多个模式的模拟结果，预估中国在 21 世纪中期（2041—2070 年）的气候变化趋势（表 8-3）。

表 8-3 中的数据虽然是 2006 年的预测结果，但是由于 IPCC 第五次气候评估报告中并没有针对各区域的预测，而且 AR5 中没有针对降水进

行预测，为了便于研究，本文采用气候变化国家评估报告中对温度和降水量的预测结果。由于没有报告对日照时数进行预测，所以本文只对 21 世纪中叶温度和降水量的变化对单产的影响进行预测。

表 8－3　中国 21 世纪中期年均地表气温和降水变化（相对于 1961—1990 年均值）

气候因素	2050s（2041—2070 年）
年平均温度变动（℃）	2.3～3.3
年平均降水量变动（%）	5～7

资料来源：《中国国家气候变化评估报告》。

8.3 温度和降水量变动率计算

气候变化的预测以 1961—1990 年平均值作为基期，2050s 平均温度和平均降水的变动率为：

$$\frac{\Delta TEM}{TEM}=\frac{(TEM_{2050}-TEM_{\mathrm{mean}})}{TEM_{\mathrm{mean}}}\times 100$$

$$\frac{\Delta PRE}{PRE}=\frac{(PRE_{2050}-PRE_{\mathrm{mean}})}{PRE_{\mathrm{mean}}}\times 100$$

其中，TEM_{2050}、PRE_{2050} 表示 2050s 的年平均温度和年平均降水，TEM_{mean}、PRE_{mean} 表示 1961—1990 年的年平均温度和年平均降水的平均值。$(TEM_{2050}-TEM_{\mathrm{mean}})$ 即是预测温度变化值，$\frac{(PRE_{2050}-PRE_{\mathrm{mean}})}{PRE_{\mathrm{mean}}}\times 100$ 即是预测的降水变化率。经计算，1961—1990 年年平均温度为 16.58℃，2050s 相对于 1961—1990 年的温度和降水量变动率如表 8－4 所示。

表 8－4　气候因子变动率

单位：%

气候因素	2050s
年平均温度变动率	13.87～19.90
年平均降水量变动率	5.00～7.00

8.4 未来气候变化对油菜单产增长的贡献率

未来气候变化对油菜单产增长的贡献率等于气候因素的产出弹性与气候因子变动率的乘积。由于单产模型中采用的是油菜生育期日平均温度和累计降水数据，而未来气候因素的变动率计算中采用年平均温度和年累计降水量数据。为了便于分析，本文假设未来气候变化具有均匀性：①油菜生育期平均温度和降水变化率与全年平均温度和降水变化率相同；②各油菜主产区未来气候变化情况相同。未来气候变化对各主产区油菜单产增长的贡献率如表 8-5 所示。

表 8-5　2050s 气候变化对各主产区油菜单产增长的贡献率范围

单位：%

时间	气候因素	华南沿海	黄淮平原	云贵高原	四川盆地	长江中游	长江下游
2050s	温度	−14.50～−10.11	6.23～8.94	2.15～3.09	−3.85～−2.68	−0.08～−0.06	−2.80～−1.95
	降水	−0.52～−0.37	0.53～0.74	0.89～1.24	−0.10～−0.07	0.37～0.52	−0.57～−0.40
	合计	−15.02～−10.48	6.76～9.68	3.04～4.33	−3.95～−2.75	0.31～0.44	−3.37～−2.36

从表 8-5 可以看出，21 世纪中叶气候变化对华南沿海、四川盆地和长江下游地区油菜单产增长的贡献率为负，并且对华南沿海地区的负贡献率最大，为−15.02%～−10.48%。对黄淮平原、云贵高原、长江中游地区油菜单产增长的贡献率均为正，分别为 6.76%～9.68%、3.04%～4.33%、0.31%～0.44%。从贡献率的绝对值来看，未来气候变化对华南沿海地区油菜单产增长的影响最大。

未来温度升高将导致华南沿海、四川盆地、长江中游和长江下游地区油菜单产分别减少 10.11%～14.50%、2.68%～3.85%、0.06%～0.08%、1.95%～2.80%，而未来温度升高将有利于黄淮平原和云贵高原地区油菜单产提高，分别提高6.23%～8.94%、2.15%～3.09%。

未来降水增加将导致华南沿海、四川盆地、长江下游地区油菜单产分别减少0.37%～0.52%、0.07%～0.10%、0.40%～0.57%，但有利于黄淮平原、云贵高原、长江中游油菜单产提高，将分别提高0.53%～0.74%、0.89%～1.24%、0.37%～0.52%。

8.5 未来气候变化对油菜种植面积增长的贡献率

同理，未来气候变化对油菜种植面积增长的贡献率等于气候因素对种植面积的弹性与气候因子变动率的乘积，由此计算出的21世纪中期和末期气候变化对各主产区油菜种植面积增长的贡献率如表8-6所示。

表8-6　2050s气候变化对各主产区油菜种植面积增长的贡献率范围

单位：%

时间	气候因素	华南沿海	黄淮平原	云贵高原	四川盆地	长江中游	长江下游
2050s	温度	20.53～29.46	−24.93～−17.37	14.84～21.30	1.02～1.46	−1.08～−0.75	4.36～6.25
	降水	−1.31～−0.94	−1.09～−0.78	0.29～0.40	0.33～0.47	−0.37～−0.26	0.33～0.46
	合计	19.22～28.52	−26.02～−18.15	15.13～21.70	1.35～1.93	−1.45～−1.01	4.69～6.71

从表8-6可以看出，未来气候变化对华南沿海、云贵高原、四川盆地和长江下游地区油菜种植面积增长的贡献率为正，贡献率分别为19.22%～28.52%、15.13%～21.70%、1.35%～1.93%和4.69%～6.71%。对黄淮平原和长江中游地区油菜种植面积增长的贡献率为负，贡献率分别为−26.02%～−18.15%和−1.45%～−1.01%。

其中，未来华南沿海、云贵高原、四川盆地和长江下游地区油菜种植面积因温度升高增长20.53%～29.46%、14.84%～21.30%、1.02%～1.46%和4.36%～6.25%。而黄淮平原和长江中游地区油菜种植面积因温度升高减少 17.37%～24.93%和 0.75%～1.08%。未来云贵高原、四川盆地和长江下游地区油菜种植面积因降水增加而增长 0.29%～0.40%、0.33%～0.47%和 0.33%～0.46%。

8.6 未来气候变化对中国油菜总产量增长的贡献率

通过未来气候变化对各主产区油菜单产和种植面积增长的贡献率，可以推导出气候变化对各主产区油菜总产量增长的贡献率，推导过程如下：

$$Q = Y \times A$$

其中 Q 为油菜总产量，Y 为单产（千克/公顷），A 为种植面积（公顷）。等式左右两端取对数可得：

$$\ln Q = \ln Y + \ln A$$

等式左右两端同时对气候变量一次求导，可得：

$$\frac{\partial \ln Q}{\partial C} = \frac{\partial \ln Y}{\partial C} + \frac{\partial \ln A}{\partial C}$$

即

$$\frac{\partial Q}{Q} \cdot \frac{1}{\partial C} = \frac{\partial Y}{Y} \cdot \frac{1}{\partial C} + \frac{\partial A}{A} \cdot \frac{1}{\partial C}$$

即

$$\frac{\partial Q}{Q} = \frac{\partial Y}{Y} + \frac{\partial A}{A}$$

可见，由气候变化带来的总产量增长率等于由气候变化带来的单产增长率与面积增长率之和。根据表 8－5 和表 8－6 可以得到 21 世纪中叶气候变化（2050s 相对 1961—1990 年）对中国各冬油菜主产区油菜总产量增长的贡献率，即由气候变化导致的油菜总产量变动量（2050s 相对 1961—1990 年）与基准年总产量（1961—1990 年总产量平均值）的比率，即$\frac{\Delta Q_{climate}}{Q_{baseline}}$（或者$\frac{\partial Q_{climate}}{Q_{baseline}}$），其中，$\Delta Q_{climate}$ 表示由气候因素变化而导致的总产量变化，$Q_{baseline}$表示基准年总产量。由于未来气候变化预测的基准气候是1961—1990年的平均值，所以基准年总产量也是1961—1990年总产量平均值。

在此基础上计算可得21世纪中期气候变化对各冬油菜主产区油菜总产量的影响，以及对6大冬油菜主产区油菜总产量的影响（表8－7）。计算式如下：

$$\Delta Q_{climate} = \frac{\Delta Q_{climate}}{Q_{baseline}} \times Q_{baseline}$$

从表8－7可以看出，21世纪中叶气候变化对黄淮平原、四川盆地和长江中游油菜总产量的贡献率为负，贡献率范围分别为－16.33%～－11.39%、－2.02%～－1.40%和－1.00%～－0.70%，由于气候变化所导致的产量减少量分别为5.70万～8.17万吨、0.75万～1.08万吨和0.37万～0.53万吨。对华南沿海、云贵高原和长江下游油菜总产量的贡献率为正，贡献率范围分别为9.12%～13.13%、18.17%～26.03%和2.33%～3.34%，由于气候变化所导致的产量增加量分别为0.03万～0.05万吨、3.65万～5.24万吨和1.30万～1.87万吨。总体上，气候变化使得冬油菜主产区油菜减产1.83万～2.63万吨，相当于2013年华南沿海油菜总产量的96.14%～138.42%。

表8－7 21世纪中叶气候变化对中国冬油菜主产区油菜总产量增长的贡献

项目	华南沿海	黄淮平原	云贵高原	四川盆地	长江中游	长江下游	合计
基准年总产量（万吨）(1)	0.36	50.03	20.11	53.44	53.26	56.05	233.24
对总产增长的贡献率范围(%)(2)	9.12～13.13	－16.33～－11.39	18.17～26.03	－2.02～－1.40	－1.00～－0.70	2.33～3.34	—
对总产增长的贡献（万吨）(3)＝(1)＊(2)	0.03～0.05	－8.17～－5.70	3.65～5.24	－1.08～－0.75	－0.53～－0.37	1.30～1.87	－2.63～－1.83

8.7 本章小结

（1）21 世纪中叶气候变化对华南沿海、四川盆地和长江下游地区油菜单产增长的贡献率为负，对黄淮平原、云贵高原、长江中游地区油菜单产增长的贡献率为正。从贡献率的绝对值来看，未来气候变化对华南沿海地区油菜单产的影响最大，导致华南沿海地区油菜单产减少 10.48%～15.02%。

（2）21 世纪中叶气候变化对黄淮平原和长江中游地区油菜种植面积增长的贡献率均为负，将导致黄淮平原和长江中游地区油菜种植面积分别减少 18.15%～26.02%和 31.17%～47.97%；对其他地区油菜种植面积增长的贡献率均为正，按照贡献率大小排列为华南沿海＞云贵高原＞长江下游＞四川盆地。

（3）21 世纪中叶气候变化对不同冬油菜主产区的油菜总产量影响不同。总体而言，气候变化将使得中国油菜减产 1.83 万～2.63 万吨，大致相当于 2013 年华南沿海油菜总产。21 世纪中叶气候变化对黄淮平原、四川盆地和长江中游地区油菜总产量有负面影响，对华南沿海、云贵高原和长江下游地区则有正面影响。这说明不同的地区在应对气候变化影响时，需要因地制宜采取措施。

第9章 基本结论、政策启示与研究展望

本书前八章首先阐述了中国油菜生产现状和气候变化事实，分别分析历史气候变化对冬油菜生产投入、单产、种植面积的影响，并借鉴《中国国家气候变化评估报告》中对21世纪中期中国气候变化的预测结果（丁一汇等，2006），深入分析未来气候变化对我国油菜种植面积及单产的影响，最终明确未来气候变化对中国油菜总产量的影响。

本章是全书的终结，主要涉及以下三个方面：一是总结全书的结论；二是通过借鉴国外应对气候变化的经验，并与本文结论相结合，提出中国油菜生产应对气候变化的政策建议；三是结合研究经历，指出本书的局限性，并提出下一步的研究展望。

9.1 主要结论

9.1.1 历史气候变化对中国油菜生产投入、单产和种植面积的影响

（1）历史气候变化对大部分主产区油菜单产增长不利。纬度较低地区的油菜单产更容易因气候变暖而减产，受气候变化的负面影响也更大。研究年份内（2008—2013年），除四川盆地和长江中游地区外，气候变化对其他油菜主产区油菜单产增长的贡献均为负，因气候变化而减产的地区依照减产大小排列为华南沿海＞长江下游＞云贵高原＞黄淮

平原。

从弹性角度来看，纬度较低地区的油菜单产更容易因气候变暖而减产。温度升高对纬度较高的黄淮平原和云贵高原的油菜单产有利，而对低纬度的华南沿海、长江下游、长江中游和四川盆地的油菜单产有负影响。降水增加对长江下游地区油菜单产的负影响最大，对云贵高原和黄淮平原油菜单产的正影响较大。长江下游地区地下水位较高，水渍害是该地区油菜主要自然灾害之一，降水增加容易导致该地区油菜单产降低。

（2）历史气候变化对华南沿海、黄淮平原和长江中游地区油菜种植面积增长不利，对云贵高原、四川盆地和长江下游地区油菜种植面积增长有利。

温度对黄淮平原和长江中游地区的油菜种植面积均有负影响，对华南沿海、云贵高原、四川盆地和长江下游地区的油菜种植面积均有正影响。降水对云贵高原、四川盆地和长江下游地区油菜种植面积有正影响，对其他地区则有负影响。从影响的绝对值来看，温度对绝大多数油菜主产区油菜种植面积的影响最大，其次是降水，日照时数的影响最小。

（3）温度对化肥投入的影响最显著，降水对农药投入的影响最显著，日照时数对二者投入的影响不显著。从生长阶段看，蕾薹期是油菜化肥和农药投入最易受到气候因素影响的时期。

9.1.2 未来气候变化对中国油菜单产、种植面积和总产量的影响

（1）未来气候变化对华南沿海、四川盆地和长江下游地区油菜单产不利，对黄淮平原、云贵高原、长江中游地区油菜单产有利。从贡献率的绝对值来看，未来气候变化对华南沿海地区油菜单产的影响最大，导致华南沿海地区油菜单产减少10.48%～15.02%。

（2）未来气候变化对黄淮平原和长江中游地区油菜种植面积不利，对华南沿海、云贵高原、长江下游和四川盆地地区油菜种植面积有利。

（3）未来气候变化将导致中国油菜减产 1.83 万～2.63 万吨，大致相当于 2013 年华南沿海油菜总产。就不同主产区而言，未来气候变化对油菜产量的影响不同。未来气候变化对黄淮平原、四川盆地和长江中游地区油菜总产量不利，而对华南沿海、云贵高原和长江下游地区油菜总产量有利。

9.1.3 其他因素对中国油菜生产投入、单产和总产量的影响

（1）对比以务农收入为主要收入来源的家庭，以非务农收入为主的家庭在种植油菜时，其化肥和农药的施用量更少。上一年油菜成本收益率对当年化肥投入有显著正影响。油菜种植面积占耕地面积比重与化肥和农药投入均呈显著负相关，说明农户种植油菜的熟练度使得其在施用化肥和农药时能做到精准控量，达到节约用量的效果。

（2）劳动力、化肥和其他物质投入对各主产区油菜单产均有正影响，而且劳动力的影响最大。劳动力产出弹性最高的是长江下游和华南沿海，其次是四川盆地和长江中游。可以预见，随着经济进一步发展，劳动力投入对油菜生产的制约性将越来越大。

（3）上一年油菜种植面积对当年油菜种植面积有显著正影响，说明农户油菜种植面积决策受过去一年的决策影响很大。上一年油菜成本收益率对当年油菜种植面积有正影响。油菜籽临时收储政策对油菜种植面积有正影响，说明该政策的实施一定程度上提升了农户种植积极性。

9.2 政策启示

9.2.1 农业领域应对气候变化的国际经验借鉴

应对气候变化的措施可以分为两大类：适应措施和减缓措施。适应措施指人类适应并采取措施应对气候变化长期趋势无法改变的状况，以期减少损失。欧盟委员会把适应措施分为两大类：一类是主动适应措施，即预

先对生产和生活方式做出改变，例如更有效地利用水资源、改变农作物的种植方式、培育耐旱作物种子、提高公众的防灾意识等；另一类是被动适应措施，比如将城市从沿海和洪泛区迁到内陆安全地带等，这类措施多为应对因气候变化导致的极端天气事件和突发事故。

减缓措施主要指采取行动减少温室气体排放。联合国气候变化框架公约（UNFCCC）提出全球减缓气候变化的目标是将大气温室气体浓度稳定在防止气候系统受到威胁的水平上，这一水平应当使生态系统适应气候变化，并稳定粮食生产，使经济可持续发展。实施的政策可以分为排放交易政策和财税政策。

排放交易政策是利用市场机制，建立温室气体排放许可交易制度。即在公平原则下，合理分配碳排放指标，采用低碳生产方式的主体可以将多余碳排放指标在碳交易市场上进行交易，而生产过程中碳排放超标的主体不得不购买碳排放指标，导致的生产成本增加也会促使其进行低碳生产。财税政策是指征收碳税、环境税、燃料税等新税种的同时对低碳技术等的研发进行补贴，既降低了化石能源的依存度和使用，又大力发展了风能、太阳能、生物质能等清洁低碳的可再生能源，减少温室气体排放。同时，通过制定家电产品最低能效标准、对耗能产品提出生态设计要求、促进建筑节能、提高能源转换效率、实施“电机节能”计划等提高能源使用效率。

农业温室气体排放在全球温室气体排放总量中所占的比例约为14%，大于整个运输业所占的比例，减少农业温室气体排放是减少人类活动排放温室气体的有效手段。农业温室气体排放主要来自以下几个方面：饲养反刍动物，如牛、羊；稻田长期淹水形成的厌氧环境增加了甲烷等温室气体产生与排放，而且氮肥的不合理施用促进了氧化亚氮的排放；堆沤家畜粪肥同样会有甲烷和氧化亚氮排放。

在2007年底召开联合国气候变化大会之前，减缓气候变化就已经备受国际社会关注。但随着气候变化越来越不可避免，适应问题的重要性日益突出。与西方发达国家相比，发展中国家的经济和科技基础均较为薄弱且发展相对滞后，其应对自然灾害和适应气候变化的能力有限，显然是最大受害者。因此，关注适应气候变化的措施就显得尤为重要。

本节在回顾欧盟和美国应对气候变化历程的基础上，梳理并总结其应对气候变化的相关农业政策，结合研究结论提出中国油菜生产应对气候变化的政策与建议。

9.2.1.1 欧盟和美国应对气候变化历程

作为全球公认的倡导可持续发展的先驱，欧盟在应对气候变化方面已建立起一个庞杂的体系，包括一个完整并在不断完善的整体战略、法律与制度安排以及一系列量化目标和内外政策措施，在应对气候变化方面积累了丰富经验，并产生了较大影响。欧盟在应对气候变化方面的政策演变可以分为三个阶段：

第一阶段，从 20 世纪 90 年代末到 2004 年，欧盟积极在国际范围内推动《京都议定书》生效。在欧盟内部，欧盟于 2000 年启动欧洲综合性气候变化应对方案（European Climate Change Programme，ECCP），并于 2002 年通过第六个《环境行动框架计划》，在该计划中，节能减排被纳入到能源、交通、农业、科研、财政等政策领域，应对气候变化被列为欧盟可持续发展战略四项行动的首位。

第二阶段为 2005 年到 2007 年底，欧盟在 ECCPⅠ的基础上推出 ECCPⅡ，增加了新的减排措施，特别是正式启动排放交易机制。欧盟于 2007 年提出“气候与能源”一揽子计划草案，承诺其在 2020 年的温室气体排放量比 1990 年减少 20%，可再生能源在能源总消耗中占 20%，欧盟能源效率提高 20%。

第三阶段为 2008 年至今，欧盟委员会在 2008 年初正式提交关于“气候与能源”一揽子方案的立法建议，并于 2008 年底获得批准，继而成为正式法律。

与欧盟相比，美国应对气候变化政策的历程反复性更大。在老布什政府时期，美国应对气候变化的态度保守；到克林顿政府时期，态度变得相对积极；在小布什政府时期态度转为消极；到奥巴马政府时期态度重新变得积极，其主要政策有：减少化石燃料消费量、开发低碳和清洁能源、加强国际合作，尤其是同发展中国家的合作。2009年，奥巴马签署《2009年美国复兴与再投资法》，其中大约有800亿美元的政府支出、贷款担保及税收用于提升可再生资源利用率和能源效率、推动清洁煤技术发展、制造节能汽车等。《美国清洁能源与安全法案》也于2009年发布，该法案包括促进能源效率提高、补贴新清洁能源、设置温室气体减排目标等。

9.2.1.2 欧盟和美国在农业生产中应对气候变化的相关政策

发展低碳农业，减少碳排放以减缓气候变化。欧盟的低碳农业政策体系是以欧盟共同农业政策（Common Agricultural Policy，CAP）为中心，其他具体农业环境法令共同协作的政策体系，具体政策包括农业保护性耕作政策和农村新能源计划政策。例如，实行农业补贴与产量脱钩、对自愿休耕且达标的农户进行直接补贴以减少农地耕作所带来的碳排放；利用现代农业计划及农业环境计划，投资沼气厂，发展农村新能源。

美国政府在21世纪初颁布《农场法案》，提出“保护安全计划”，目的在于普及保护性耕作方式，主要内容是奖励加强和完善土地与农业基础设施的保护与建设等环境友好行为。为了促使农民提高能源利用效率，美国农业部每年给予补贴，涉及风动机、化粪池以及太阳能热水系统。另外，由于农业具有较强的碳汇功能，美国在2003年开始允许农户在芝加哥气候交易所出售碳贮存指标，通过免耕、草地保护、农业沼气三种方式来抵消企业碳排放，鼓励农户与企业进行碳排放交易合作。

在适应气候变化方面，欧盟于2009年颁布《适应气候变化白皮书：面向一个欧洲的行动框架》，其中，在农业方面主要强调向农户传授应对未来气候变化的必要技能、对水资源和土壤进行可持续利用、加强成员国之间的合作和加大气候变化对农业影响的研究等。2012年又发布了FACCE-JPI战略研究议程，适应气候变化是该议程5大核心主题之一。该议程突出了调整区域农业生产体系的重要性；利用传统育种和生物技术方法进行品种改良，提高作物适应环境变化的能力；开发可用于监测气候影响的作物保护系统；建立新型农业用水管理体系等，最终使得食品加工、零售及市场等适应气候变化。

9.2.2 中国油菜生产应对气候变化的政策与建议

中国既是最大的发展中国家，也是最易受气候变化负面影响的国家之一。本文研究结论表明，中国油菜生产在生产投入、单产、种植面积和总产量方面均受到气候变化的影响，而且未来气候变化将可能减低油菜总产，因此有必要积极采取相关应对措施。近年来，中国政府也开始关注气候变化适应与减缓行动，并逐渐在社会经济规划中有所体现。中国于2007年发布《中国应对气候变化国家方案》，提出应对气候变化需坚持“减缓与适应并重”的原则，2008年又发布《中国应对气候变化的政策与行动》，将“适应气候变化的政策与行动”单列出来。在2011年审议通过的《中华人民共和国国民经济和社会发展第十二个五年规划纲要》中更是强调要加快适应技术研发推广，以期提高农、林等重点领域应对气候变化的适应水平。但是，与发达国家在应对气候变化方面的实践相比，中国仍需付出更多的努力。结合前文梳理的欧盟和美国在农业领域应对气候变化的政策，针对中国油菜生产的实际情况，从适应与减缓气候变化两个方面提出以下建议：

（1）因地制宜和因时制宜制定区域气候变化应对政策。首先，制定国家层面上的农业气候变化适应战略，明确应对气候变化的方针、原则、目标与重点任务。其次，按照区域气候变化特点，因地制宜地制定当地的适应和减缓政策。组织有代表性的示范项目，将气候变化的适应与减缓工程与其他项目结合起来进行，如与当地生态环境的改善、防灾减灾和国家的扶贫计划等结合。

从本文的研究可以看出，气候变化对各冬油菜主产区的油菜单产和总产量的影响具有地区差异性，这也是本文分别对各主产区油菜生产进行分析的原因。本文研究结果表明纬度较低的地区油菜单产更易因气候因素减产，如2008—2013年气候波动导致华南沿海地区油菜单产减少9.34%，未来气候变化将导致华南沿海地区油菜单产减少10.48%～15.02%。可见华南沿海地区应重点加强建设气象信息服务体系，方便种植户能及时采取应对措施，进而减少气候变化所带来的损失。

另外，对于各油菜主产区，影响其油菜单产的关键因素不同。比如，对于长江下游地区，对其油菜单产有显著负影响的是降水量。根据本文研究结论，油菜生育期累计降水每增加1%，长江下游地区的油菜单产减产0.08%，2008—2013年降水对长江下游地区油菜单产增长的负贡献最大（−1.29%）。因此，该地区油菜生产应重点加强农田排灌。

（2）根据气候变化合理调整油菜生产布局。未来气候变化对云贵高原和长江下游等地区油菜总产有利，可以适当增加这些地区的油菜种植面积，进而部分抵消气候变化对其他地区油菜生产的不利影响。

（3）选育和推广适应气候变化的油菜新品种。选育优良品种是油菜生产应对气候变化的最根本的适应性对策之一，加强对育种工作和新品种研发的支持力度，加强对耐高温、抗旱、抗病虫害等品种的育种研究。

（4）加强研发与推广应对气候变化的技术。指导科学施肥，恢复与推广绿肥作物等有机肥源，减少农田氧化亚氮排放；推广保护性耕作，如免耕等，增加土壤有机碳含量。

（5）建立油菜气象灾害险。气候灾害保险不仅可以帮助农户树立防范意识，而且有助于农户规避极端气候带来的经济损失。目前，中国部分地区已开始相关试点，包括安徽水稻天气指数保险、上海西瓜梅雨指数保险、陕西苹果冻害指数保险、江西蜜橘冻害指数保险，但是还没有关于油菜生产方面的气象灾害保险，有待进一步拓展。

（6）加快建设农业科技基础设施与平台。加大科研投入力度，规范科学研究、预测、影响分析和政策制定。特别是提高气象灾害监测预报的准确性和灾害预警的时效性，提高对极端气候和极端天气事件的监测、预警和预防水平。

（7）加强农田水利基础设施建设。大部分农田水利基础工程始建于20世纪50年代，利用原有的沟、塘、坡地兴建，工程建设标准低、质量较差，配套设施不完善，且在运行管理中未得到维修和更新改造。因此，需要增加农田水利等基础设施建设的投入，进而提高水利设施的防汛抗旱能力。与此同时，大力发展节水农业，发展并推广农艺抗旱技术、节水灌溉技术和工程保水技术等农业节水技术。

（8）加大气候变化认知与应对知识的宣传与普及。充分利用广播、电视、报刊等宣传渠道和新闻媒介，通过多种途径和方式，提高公众和农户对于气候变化的认知与应对意识。

9.3 研究创新和不足

9.3.1 创新之处

本书在借鉴国内外相关研究成果的基础上，力图进行边际创新，可能的创新点体现在以下三个方面：

（1）将气候变化对油菜总产量的影响细分为对单产和种植面积的影响。以往相关研究倾向于假定气候变化对作物种植面积无影响，本文将油菜单产和种植面积分别对气候变量和其他变量建模，将气候变化对油菜单产和种植面积的影响进行综合得到气候变化对总产量的影响，使得结果更准确。

（2）将气候变化对中国油菜生产的影响细分为对各油菜主产区的影响，并进行空间区域性差异分析。不同地区油菜单产和种植面积对于气候变化的敏感程度不同，研究结果表明，一些地区油菜单产和种植面积因气候变化增加，而另一些地区油菜单产和种植面积则因气候变化减少。总体而言，气候变化对不同地区的影响互相有所抵消。

（3）结合作物学知识，将油菜生育期划分为不同的生长阶段，并结合经济学相关理论和方法，重点分析各生长阶段气候变化对油菜单产的影响。

9.3.2 研究不足之处及研究展望

（1）气候变化对油菜生产的影响机制非常复杂，本文仅从农药和化肥投入、油菜单产、油菜种植面积和总产量等方面进行了探讨，而由于数据的不可获得性，关于气候变化对油菜籽品质、油菜生长期等方面的影响未能进行分析，这也给下一步的研究提供了可能性。

（2）气候变化对油菜生产投入和单产的影响分析基于一个重要假定，即气候变化空间上的变异可以替代时间上的变异。分析采用微观农户数据，而由于农户数据时间跨度有限，所以只能采用这种利用空间代替时间的方法。尽管这是相关研究的通行做法，一定程度上具有合理性，但若是数据的时间跨度更长，所得结论将更可靠。

（3）采用的未来气候情景存在较大的不确定性。一方面，正如前文所述，当前国内外气候情景模拟中常用的气候模型不唯一，每个气候模型预测的未来气候变化差异非常大。另一方面，不同油菜主产区未来气候变化的情况很可能不相同。本文结合研究需要，选取了其中具有代表性的气候变化预测结果，对每个油菜主产区采用同样的气候变化预测结果，并在这个气候变化预测结果的基础上得到本文的预测结论，结论仅供相关参考。

（4）本研究主要针对冬油菜种植区，然而冬油菜与春油菜在生育期内所经历的气候条件有所不同，所以相关结论是否适用于春油菜尚需进一步验证。

参 考 文 献

保罗·萨缪尔森，威廉·诺德豪斯.1999. 微观经济学［M］. 北京：华夏出版社.

曹铁华，梁烜赫，刘亚军，蒋春姬，王贵满，赵洪祥，李刚.2010. 吉林省气候变化对玉米气象产量的影响［J］. 玉米科学，(2)：142-145.

陈恒.2016. 供给侧改革农业怎么做［N］. 光明日报 1—14 (13).

陈兆波，陈霞，董文，等.2012. 农业应对气候变化现状与科技对策研究［J］. 中国人口·资源与环境，22 (专刊)：446-450.

陈慧，林添忠，蔡文华.1999. 气候变化对福建粮食种植制度的影响［J］. 福建农业科技，(1)：3-4.

崔静，王秀清，辛贤.2011. 生育期气候变化对中国主要粮食作物单产的影响［J］. 中国农村经济，(9)：13-22.

崔永伟，杜聪慧.2012. 生产函数理论与函数形式的选择研究［J］. 中国管理科学.20 (11)：67-73.

丁一汇，任国玉，石广玉，等.2006. 气候变化国家评估报告（Ⅰ）：中国气候变化的历史和未来趋势［J］. 气候变化研究进展，2 (1)：3-8.

董晓花，王欣，陈利.2008. 柯布—道格拉斯生产函数理论研究综述［J］. 生产力研究，(3)：148-150.

杜华明.2006. 气候变化对农业的影响研究进展［J］. 甘肃农业，(1)：97.

范英.2010. 中国苹果生产布局变迁研究—基于渤海湾、黄土高原优势区的趋势分析［D］. 杨陵：西北农林科技大学.

房丽萍，孟军.2013. 化肥施用对中国粮食产量的贡献率分析——基于主成分回归 C-D 生产函数模型的实证研究［J］. 中国农学通报，29 (17)：156-160.

冯中朝，郑炎成，马文杰，李谷成.2012. 中国油菜产业经济研究［M］. 北京：中国农业出版社.

韩晓琴.2015. 油菜种植过程中如何预防病虫害［J］. 农业与技术，35 (16)：154.

郝志新，郑景云，陶向新．2001. 气候变暖背景下的冬小麦种植北界研究——以辽宁省为例［J］. 地理科学进展．20（3）：254－261.

贺亚琴，冷博峰，冯中朝．2015. 基于"超越对数生产函数"对湖北省油菜生长产量的气候影响探讨［J］. 资源科学，37（7）：1465－1473.

侯琼，李杨，包松林．2011. 内蒙古东部区粮食产量对气候变化的响应［J］. 中国农业气象，32（增刊）：113－117.

胡家敏，林忠辉，向红琼．2011. 基于CERES-Rice模型分析黔中高原水稻生产对气候变化的响应［J］. 中国农业气象，32（增刊）：88－92.

胡立勇．2004. 油菜品质形成的生理生态机理研究［D］. 武汉：华中农业大学.

黄宗智，彭玉生．2007. 三大历史性变迁的交汇与中国小规模农业的前景［J］. 中国社会科学，（4）：74－88.

黄宗智．2006. 中国农业面临的历史性契机［J］. 读书（10）：118－129.

纪瑞鹏，班显秀，张淑杰．2003. 辽宁冬小麦北移热量资源分析及区划［J］. 农业现代化研究，24（4）：264－266.

贾康，徐林，李万寿，等．2013. 中国需要构建和发展以改革为核心的新供给经济学［J］. 财政研究，（1）：2－15.

江敏，金之庆，杨慧．2012. 基于IPCCSRESA1B情景下的福建省水稻生产模拟研究［J］. 中国生态农业学报．20（5）：625－634.

姜大膀，王会军，等．2004. 全球变暖背景下东亚气候变化的最新情景预测［J］. 地球物理学报（4）：590－596.

冷锁虎，唐瑶，李秋兰，左青松，杨萍．2005. 油菜的源库关系研究Ⅰ角果大小对油菜后期源库的调节［J］. 中国油料作物学报，27（3）：37－40.

李谷成．2009. 基于转型视角的中国农业生产率研究［D］. 武汉：华中农业大学.

李然．2010. 中国油菜生产的经济效率分析［D］. 武汉：华中农业大学.

李相银，沈达尊．1995. 农业生产函数研究与应用中的几个问题［J］. 农业技术经济，（1）：19－21.

李秀芬，陈莉，姜丽霞．2011. 近50年气候变暖对黑龙江省玉米增产贡献的研究［J］. 气候变化研究进展，（5）：336－341.

李子奈，刘亚清．2010. 现代计量经济学模型体系解析［J］. 经济学动态，（5）：22－31.

林毅夫．2002. 中国的奇迹：发展战略与经济改革［M］. 北京：人民出版社：235－237.

刘红敏，周顺玉．2010. 油菜病虫害及其无公害综合治理技术［J］. 安徽农学通报，16

(11)：269－270.

刘后利．2000. 油菜遗传育种学［M］. 北京：中国农业大学出版社.

刘剑飞．2012. 农业技术创新过程研究［D］. 成都：西南大学.

龙莹，张世银．2010. 动态面板数据模型的理论与应用研究［J］. 科技与管理，12（2）：30－34.

楼旭妍．2012. 基于农业生产函数的劳动收入份额测算［D］. 杭州：浙江大学.

吕亚荣，陈淑芬．2010. 农民对气候变化的认知及适应性行为分析［J］. 中国农村经济，(7)：75－86.

马歇尔．1983. 经济学原理（上）［M］. 北京：商务印书馆.

马玉平，孙琳丽，俄有浩，吴玮．2015. 预测未来 40 年气候变化对我国玉米产量的影响［J］. 应用生态学报，26（1）：224－232.

潘根兴，高民，胡国华，等．2011. 气候变化对中国农业生产的影响［J］. 农业环境科学学报，55（9）：1698－1706.

庞巴维克．1964. 资本实证论［M］. 北京：商务印书馆.

蒲金涌，姚小英，邓振镛，等．2006. 气候变暖对甘肃冬油菜（*Brassica compestris* L.）种植的影响［J］. 作物学报，32（9）：1397－1401.

权畅，景元书，谭凯炎．2013. 气候变化对三大粮食作物产量影响研究进展［J］. 中国农学通报，29（32）：361－367.

萨伊．1963. 政治经济学概论［M］. 北京：商务印书馆.

沈惠聪，江宇，等．1989. 油菜籽含油量与气象因子的相关及预报模式［J］. 浙江农业大学学报，7（3）：253－259.

史俊通，刘孟军，李军．1998. 论复种与我国粮食生产的可持续发展［J］. 干旱地区农业研究，16（1）：51－57.

孙卫国，程炳岩，杨沈斌．2011. 区域气候变化对华东地区水稻产量的影响［J］. 中国农业气象，(2)：227－234.

田圣炳．2006. "十一五"期间上海城市居民消费结构的发展趋势［J］. 消费经济，22（01）：34－37.

田云录，陈金，邓艾兴．2011. 开放式增温下非对称性增温对冬小麦生长特征及产量构成的影响［J］. 应用生态学报（3）：681－686.

汪剑明，杨爱卿．1997. 气象因子与油菜产量关系的初步研究［J］. 江西农业学报，9（1）：6－11.

王宝良，潘贤章，梁音，等．2010. 渭北旱原区域气候变化及其对冬小麦产量的潜在影响[J]. 干旱地区农业研究（1）：227－232.

王丹．2009. 气候变化对中国粮食安全的影响与对策研究［D］. 武汉：华中农业大学.

王馥棠．1996. 气候变化与我国的粮食生产［J］. 中国农村经济，（11）：19－23.

王津港．2009. 动态面板数据模型估计及其内生结构突变检验理论与应用［D］. 武汉：华中科技大学.

王久兴．1998. 蔬菜遮光栽培增产机理研究进展［J］. 河北农业技术师范学院学报，12（3）：64－68.

王莎．2014. 气候变化和管理措施对澳大利亚和中国油菜生产的影响［D］. 杨凌：西北农林科技大学.

王绎．2014. 中国稻谷供给反应模型研究［D］. 杭州：浙江大学.

王永刚．2006. 我国食用植物油消费增长及其影响因素分析［J］. 农业技术经济，（6）：25－31.

王宗明，宋开山，李晓燕，等．2007. 近40年气候变化对松嫩平原玉米带单产的影响［J］. 干旱区资源与环境（9）：112－117.

吴丽丽，李谷成，尹朝静．2015. 气候变化对我国油菜单产的影响研究［J］. 干旱区资源与环境，29（12）：198－203.

武伟，刘洪斌．1993. 小麦生育期气候因素与产量的关联分析［J］. 农业系统科学与综合研究，9（3）：224－226.

西尼尔．1977. 政治经济学大纲［M］. 北京：商务印书馆.

肖荣英，王建，倪清华．2011. 现代油菜生产实用技术［M］. 北京：中国农业科学技术出版社.

谢远玉，张智勇，刘翠华．2011. 赣州近30年气候变化对双季早稻产量的影响［J］. 中国农业气象（3）：388－393.

熊伟，居辉，林而达．2006. 两种气候变化情景下中国未来的粮食供给［J］. 气象，32（11）：36－41.

熊伟．2009. 气候变化对中国粮食生产影响的模拟研究［M］. 北京：气象出版社.

徐寿波．2012. 技术经济学［M］. 北京：经济科学出版社.

许吟隆．1999. 全球气候变化对中国小麦生产的影响模拟研究［R］. 九五攻关科技技术报告.

闫慧敏，刘纪远，曹明奎．2005. 近20年中国耕地复种指数的时空变化［J］. 地理学报，

60 (4): 559 - 566.

杨立勇，王伟荣，李延莉，周熙荣，庄静，蒋美艳，孙超才 . 2009. 上海油菜生产常见灾害的特点与防治技术 [J]. 湖北农业科学，48 (12): 3163 - 3166.

姚凤梅 . 2005. 气候变化对我国粮食产量的影响评价——以水稻为例 [D]. 北京：中国科学院研究生院（大气物理研究所）.

殷艳，王汉中 . 2012. 我国油菜产业发展成就、问题与科技对策 [J]. 中国农业科技导报，14 (4): 1 - 7.

袁静，许吟隆 . 2008. 基于CERES模型的临沂小麦生产的适应措施研究 [J]. 中国农业气象 (3): 251 - 255.

云如雅，方修琦，王丽岩，田青 . 2007. 我国作物种植界线对气候变暖的适应性响应 [J]. 作物杂志 (3): 20 - 23.

曾英，黄祖英，张红娟 . 2007. 气候变化对陕西省冬小麦种植区的影响 [J]. 水土保持通报，27 (5): 137 - 140.

张兵，张宁，张轶凡 . 2011. 农业适应气候变化措施绩效评价——基于苏北 GEF 项目区 300 户农户的调查 [J]. 农业技术经济 (7): 43 - 49.

张彩霞，刘华民，王立新，等 . 2014. 乌审旗气候变化与农牧业生产之间的关系 [J]. 内蒙古大学学报，45 (6): 653 - 660.

张彩霞 . 2013. 鄂尔多斯高原气候变化及其与农牧业生产之间的关系 [D]. 呼和浩特：内蒙古大学.

张皓，田展，杨捷，等 . 2011. 气候变化影响下长江流域油菜产量模拟初步研究 [J]. 中国农学通报，27 (21): 105 - 111.

张宏军，张佳，刘学，等 . 2008. 我国油菜田农药的登记及应用概况 [J]. 湖北农业科学，47 (7): 846 - 851.

张厚瑄 . 2000. 中国种植制度对全球气候变化响应的有关问题Ⅰ. 气候变化对我国种植制度的影响 [J]. 中国农业气象，21 (1): 9 - 13.

张建平，赵艳霞，王春乙，何勇 . 2006. 气候变化对我国华北地区冬小麦发育和产量的影响 [J]. 应用生态学报 (7): 1179 - 1184.

张树杰，王汉中 . 2012. 我国油菜生产应对气候变化的对策和措施分析 [J]. 中国油料作物学报，34 (1): 114 - 122.

张树杰，张春雷 . 2011. 气候变化对我国油菜生产的影响 [J]. 农业环境科学学报，30 (9): 1749 - 1754.

张怡 . 2015. 中国花生生产布局变化研究 [D]. 北京：中国农业大学.

赵慧颖，郝文俊，刘丽 . 2008. 内蒙古大兴安岭东南部气候变化对作物产量的影响 [J]. 气候与环境研究（2）：199 - 204.

赵锦，杨晓光，刘志娟，等 . 2010. 全球气候变暖对中国种植制度可能影响Ⅱ. 南方地区气候要素变化特征及对种植制度界限可能影响 [J]. 中国农业科学，43（9）：1860 - 1867.

赵宗慈，王绍武，罗勇 . 2007. IPCC 成立以来对温度升高的评估与预估 [J]. 气候变化研究发展（3）：183 - 184.

郑小华，屈振江，鲁渊平，等 . 2012. 气候变化对陕西省小麦种植布局的影响分析 [J]. 干旱地区农业研究，30（3）：244 - 246.

中国国家统计局 . 2001—2015. 中国统计年鉴 [M]. 中国统计出版社.

钟甫宁，胡雪梅 . 2008. 中国棉农棉花播种面积决策的经济学分析 [J]. 中国农村经济（6）：39 - 45.

周冬梅，张仁陟，孙万仓，等 . 2014. 北方旱寒区冬油菜种植气候适宜性研究 [J]. 中国农业科学，47（13）：2541 - 2551.

周丽静 . 2009. 气候变暖对黑龙江省水稻、玉米生产影响的研究 [D]. 哈尔滨：东北农业大学.

周平 . 2001. 全球气候变化对我国农业生产的可能影响与决策 [J]. 云南农业大学学报，16（1）：1 - 4.

朱启荣 . 2009. 中国棉花主产区生产布局分析 [J]. 中国农村经济，（4）：31 - 38.

朱晓莉，王筠菲，周宏 . 2013. 气候变化对江苏省水稻产量的贡献率分析 [J]. 农业技术经济（4）：53 - 58.

Ackerberg D，Caves K，Frazer G. 2005. Structural identification of production functions [M]. Workingpaper submitted to Econometrica，University of California，Los Angeles.

Adams RM，Houston LL，McCarl BA，Tiscareno LM，Matus GJ，Weiher R. 2003. The Benefits to Mexican Agriculture of an ENSO Early Warning System [J]. Agricultural and Forest Meteorology，115（3 - 4）：183 - 194.

Ambardekar AA，Siebenmorgen TJ，Counce PA. 2011. Impact of field-scalenighttime air temperature during kernel development on rice milling quality [J]. Field Crops Research，122：179 - 185.

Arnell N，Liu C，Compagnucci RH，Stakhiv EZ. 2007. Impacts，adaptation and vulnerability. Contribution of Working Group II to the Fourth Assessment Report of the Intergovernmental Panel on Climate Change. Parry ML, et al [M]. Cambridge University Press, Cambridge.

Asseng S, Ewert F, Rosenzweig C, Jones JW, Hatfield JL, Ruane AC, Boote KJ, Thorburn PJ, Rötter RP, Cammarano D, Brisson N, Basso B, Martre P, Aggarwal PK, Angulo C, Bertuzzi P, Biernath C, Challinor AJ, Doltra J, Gayler S, Goldberg R, Grant R, Heng L, Hooker J, Hunt LA, Ingwersen J, Izaurralde RC, Kersebaum KC, Müller C, Kumar NS, Nendel C, O'Leary G, Olesen JE, Osborne TM, Palosuo T, Priesack E, Ripoche D, Semenov MA, Shcherbak I, Steduto P, Stöckle C, Stratonovitch P, Streck T, Supit I, Tao F, Travasso M, Waha K, Wallach D, White JW, Williams JR, Wolf J. 2013. Uncertainty in simulating wheat yields under climate change [J]. Natutre Climate Change, 3 (9): 827 - 832.

Asseng S, Foster I, Turner NC. 2011. The impact of temperature variability on wheat yields [J]. Global Change Biology, 17 (2): 997 - 1 012.

Brown RA, Rosenberg NJ. 1997. Sensitivity of crop yield and water use to change in a range of climatic factors and CO_2 concentrations: a simulation study applying EPIC to the central USA [J]. Agricultural and Forest Meteorology, 83 (3 - 4): 171 - 203.

Butler EE, Huybers P. 2013. Adaptation of US maize to temperature variations [J]. Nature Climate Change, 3 (1): 68 - 72.

Butterworth MH, Semenov MA, Barnes A, Moran D, West JS, Fitt BDL. 2010. North-south divide: contrasting impacts of climate change on crop yields in Scotland and UK [J]. Journal of The Royal Society Interface, 7 (42): 123 - 130.

Collins M, Knutti R, Arblaster J, Dufresne JL, Fichefet T, Friedlingstein P, Gao X, Gutowski WJ, Johns T, Krinner G, Shongwe M, Tebaldi C, Weaver AJ, Wehner M. 2013. Long-term climate change: projections, commitments and irreversibility. In: Climate Change 2013: The physical science basis. Contribution of Working Group I to the Fifth Assessment Report of the Intergovernmental Panel on Climate Change. In: Stocker TF, Qin D, Plattner GK, Tignor M, Allen SK, Boschung J, Nauels A, Xia Y, Bex V, Midgley PM, Eds [M]. Cambridge University Press, Cambridge.

Deng X, Scarth R. 1998. Temperature effects on fatty acid composition during development of low-linolenic OSR (*Brassica napus* L.) [J]. Journal of Oil & Fat Industries, 75 (7):

759 - 766.

Deschenes O, Greenstone M. 2007. The Economic impacts of climate change: evidence from agriculture output and random fluctuations in weather [J]. American Economic Review, 97 (1): 354 - 385.

Evan N, Butterworth MH, Baierl A, Semenov MA, West JS, Barnes A, Moran D, Fitt BDL. 2010. The impact of climate change on disease constraints on production of OSR [J]. Food Security, (2): 143 - 156.

Fisher AC, Hanemann WM, Roberts MJ. 2012. The economic impacts of climate change: Evidence from agricultural output and random fluctuations in weather: Comment [J]. American Economic Review, 102 (7): 3 749 - 3 760.

Gbetibouo, Hassan. 2005. Economic impact of climate change on major South African field crops: A Ricardian approach [J]. Global and Planetary Change, (47): 143 - 152.

Hansen G. 2001. A bias-corrected least squares estimator of dynamic panel models [J]. Allgemeines Statistisches Archiv (85): 127 - 140.

Humphrey TM. 1997. Algebraic production function and their uses before cobb-douglas [J]. Economic Quarterly, (83): 51 - 83.

IPCC. 2007. Climate Change 2007: The physical science basis. Contribution of Working Group I to the Fourth Assessment Report of the Intergovernmental Panel on Climate Change, S. Solomon et al. , Eds [M]. Cambridge University Press, Cambridge.

IPCC. 2014. Climate change 2014: synthesis report. Contribution of Working Groups III and III to the Fifth Assessment Report of the Intergovernmental Panel on Climate Change. Geneva, Switzerland.

Jane KM, Fredrick KK. 2007. The economic impact of climate change on Kenyan crop agriculture: A Ricardian approach [J]. Global and Planetary Change, 47: 156 - 191.

Justin Lin YF. 1992. Rural reforms and agricultural growth in China [J]. The American Economic Review, 82 (1): 34 - 51.

Kiviet JF. 1995. On bias, inconsistency and efficiency of various estimators in dynamic panel data models [J]. Journal of Econometrics, (68): 53 - 78.

Krishnan P, Swain DK, Chandra BB, Nayak SK, Dash RN. 2007. Impact of elevated CO_2 and temperature on rice yield and methods of adaptation as evaluated by crop simulation studies [J]. Agriculture, Ecosystems & Environment, 122 (2): 233 - 242.

Lin YF. 1992. Rural reforms and agricultural growth in China [J]. The American Economic Review, 82 (1): 34 - 51.

Lipton, M. 1968. The Theory of Optimising Peasant [J]. Journal of Development Studies, 4 (3): 26 - 50.

Liu H, Li XB, Guenther Fischer, et al. 2004. Study on the impacts of climate change on China's agriculture [J]. Climatic Change (65): 125 - 148.

Lobell DB, Cahill K, Field C. 2007. Historical effects of temperature and precipitation on California crop yields [J]. Climatic Change, 81 (2): 187 - 203.

Lobell DB, Hammer GL, McLean G. 2013. The critical role of extreme heat for maize production in the United States [J]. Nature Climate Change, 3 (5): 497 - 501.

Lobell DB, Schlenker W, Justin CR. 2011. Climate trends and global crop production since 1980 [J]. Science, 333 (6042): 616 - 620.

Mendelsohn R, Dinar A. 1999. Climate change, agriculture and developing countries: Does adaptation matter? [J]. The World Bank Research Observer, 14 (2): 277 - 283.

Mendelsohn R, Nordhaus WD, Shaw D. 1994. The impact of global warming on agriculture: A Ricardian analysis [J]. American Economic Review, 84 (4): 753 - 771.

Muth FJ. 1961. Ration expectation and the theory of price movements [J]. Econometrica, 29 (3): 315 - 335.

Nerlove M. 1956. Estimates of elasticities of supply of selected agricultural commodities [J]. Journal of Farm Economics, 38 (2): 496 - 509.

Parry ML, Rosenzweig C, lglesias A, Livermore M, Fischer G. 2004. Effects of Climate Change on Global Food Production under SRES Emissios and Socio-economic Scenarios [J]. Global Environmental Change, 14 (1): 53 - 67.

Porter JR, Xie LY, Challinor AJ, Cochrane K, Howden SM, Iqbal MM, Lobell DB, Travasso MI. 2014. Food security and food production systems. In: Field CB, Barros VR, Dokken DJ, Mach KJ, Mastrandrea MD, Bilir TE, Chatterjee M, Ebi KL, Estrada YO, Genova RC, Girma B, Kissel ES, Levy AN, MacCracken S, Mastrandrea PR, White LL. 2014. (Eds.) Climate Change 2014: Impacts, Adaptation, and Vulnerability. Part A: Global and Sectoral Aspects. Contribution of Working Group II to the Fifth Assessment Report of the Intergovernmental Panel on Climate Change [M]. Cambridge University Press, Cambridge.

Ray DK, Gerber JS, Macdonald GK, West PC. 2015. Climate variation explains a third of global crop yield variability [J]. Nature Communications, 6 (5989): 5989 - 5989.

Reyenga PJ, Howden SM, Meinke H, Hall WB. 2001. Global change impacts on wheat production along an environmental gradient in South Australia [J]. Environment International, (27): 195 - 200.

Robert MJ, Schlenker W, Eyer J. 2013. Agronomic Weather Measures in Econometric Models of Crop Yield with Implications for Climate Change [J]. American Journal of Agricultural Economics, 95 (2): 236 - 243.

Rowhani P, Lobell DB, Linderman M, Ramankutty N. 2011. Climate variability and crop production in Tanzania [J]. Agricultural and Forest Meteorology, 151 (4): 449 - 460.

Scealy R, Newth D, Gunasekera D, Finnigan J. 2012. Effects of variation in the grains sector response to climate change: An integrated assessment [J]. Economic Papers: A Journal of Applied Economics and Policy, 31 (3): 327 - 335.

Schlenker W, Hanemann WM, Fisher AC. 2005. Will U. S. agriculture really benefit from global warming? Accounting for irrigation in the hedonic approach [J]. American Economic Review, 95 (1): 395 - 406.

Schlenker W, Roberts MJ. 2006. Nonlinear effects of weather on corn yields [J]. Review of Agricultural Economics, 28 (3): 391 - 398.

Schluter MGG, Mount TD. 1976. Some management objectives of the peasant farmer: An analysis of risk aversion in the choice of cropping pattern, Surat district, India [J]. Journal of Development Studies, 12 (3): 246 - 262.

Seo SN, Mendelsohn R. 2007. An analysis of crop choice: Adapting to climate change in Latin American Farms [J]. Social Science Electronic Publishing, 67 (1): 1 - 24.

Seo SN, Mendelsohn R. 2007. Climate change adaptation in Africa: A microeconomic analysis of livestock choice [R]. World Bank Policy Research Working Paper.

Seo SNN, Mendelsohn R, Munasinghe M. 2005. Climate change and agriculture in Sri Lanka: A Ricardian valuation [J]. Environment and Development Economics, 10 (5): 581 - 596.

Shafii B, Mahler KA, Price WJ, Auld DL. 1992. Genotype × environment interaction effects on winter rapeseed yield and oil content [J]. Crop Science, 32 (4): 22 - 27.

Spiertz JHJ, Hamer RJ, Xu H, Primo-Martin C, Don C, van der Putten PEL. 2006. Heat stress in wheat（*Triticum aestivum* L.）：Effects on grain growth and quality traits [J]. European Journal of Agronomy，25（2）：89-95.

Stöckle Claudio O，Donatelli Marcello，Nelson Roger. 2003. CropSyst，a cropping systems simulation model [J]. European Journal of Agronomy，18（3-4）：289-307.

Thapa S，Joshi GR. 2010. A Ricardian analysis of the climate change impact on Nepalese agriculture [R]. Mpra Paper.

Thornton PK，Jones PG，Alagarswamy G，Andresen J，Herrero M. 2010. Adapting to climate change：Agricultural system and household impacts in East Africa [J]. Agricultural System，103（2）：73-82.

Urban D，Roberts MJ，Schlenker W，Lobell DB. 2012. Projected temperature changes indicate significant increase in interannual variability of U. S. maize yields [J]. Climatic Change，112（2）：525-533.

Van Gool D，Vernon L. 2005. Potential impacts of climate change on agricultural land use suitability：wheat. Department of Agriculture.

Wang JX，Mendelsohn R，Huang JK，Rozelle S，Zhang LJ. 2008. Can China Continue Feeding Itself? The impact of climate change on agriculture [J]. Social Science Electronic Publishing，41：1-41.

Wang JX，Mendelsohn R，Huang JK，Rozelle S，Zhang LJ. 2009. The impact of climate change on China's agriculture [J]. Agricultural Economics，40（3）：323-337.

Wang S. 2014. Effects of climate change on rapeseed production in Australia and China [D]. Yangling：Northwest Agricultural and Forestry University.

Wickens MR，Greenfield JN. 1973. The econometrics of agricultural supply：an application to the world coffee market [J]. The Review of Economics and Statistics，55（4）：433-440.

Wolfram S，Roberts MJ. 2009. Nonlinear temperature effects indicate severe damages to U. S. crop yields under climate change [J]. PNAS，the United States，106（37）：15594-15598.

Yao F，Xu Y，Lin E，Yokozawa M，Zhang J. 2007. Assessing the impact of climate change on rice yields in the main rice areas of China [J]. Climate Change，80（3）：395-409.

You LZ，Rosegrant MW，Fang C，Wood S. 2005. Impact of global warming on Chinese wheat productivity [R]. Environment and Production Technology Division Discussion

Paper.

You LZ, Rosegrant MW, Wood S, Sun DS. 2009. Impact of growing season Temperature on wheat productivity in China [J]. Agricultural and Forest Meteorology, 149 (6 - 7): 1009 - 1049.

Zhang TY, Zhu J, Wassmann R. 2010. Responses of rice yields to recent climate change in China: An empirical assessment based on long-term observations at different spatial scales (1981 - 2005) [J]. Agricultural and Forest Meteorology, 150 (7 - 8): 1128 - 1137.

Zhang TY, Zhu J, Yang XG, Zhang XY. 2008. Correlation changes between rice yields in North and Northwest China and ENSO from 1960to 2004 [J]. Agricultural and Forest Meteorology, 148 (6 - 7): 1021 - 1033.

Zhao H, Dai TB, Jing Q, Jiang D, Cao WX. 2007. Leaf senescence and grain filling affected by post-anthesis high temperatures in two different wheat cultivars [J]. Plant Growth Regulation, 51 (2): 149 - 158.

Zhu MD, Jiang DP. 2014. Where to go? China's soybean industry under the pressure of international competition [J]. Research of Agricultural Modernization, 35 (5): 543 - 549.

附　录

油菜生产现状调查表（农户调查）

调查员________　调查日期________

试验站名称		县、村、社			
农户姓名		地址和电话			
年龄		健康状况		家庭人口数	
受教育程度				家庭受农业技术培训人次（每年）	
家庭成员是否有人担任村或村以上干部				您家收入在全村属于____水平	高 中 低
您家到最近农产品贸易市场的距离（公里）				到农业技术推广机构的距离（公里）	
耕地面积（亩）		今年转包入（亩）		或转包出（亩）	
水田（亩）		旱地（亩）		水浇地（亩）	
现有抛荒面积（亩）		耕地块数（块）		冬小麦种植面积（亩）	
冬季蔬菜种植面积（亩）		拥有役畜头数（头）		大致折价（元）	
其他冬季作物面积（亩）		动力机械台数（台）		大致折价（元）	
农户使用的油菜品种名称和满意度（√）			名称　满意度：高　一般　低		
农户使用的新技术和满意度（√）			名称　满意度：高　一般　低		

（续）

油菜生产基本数据	今年	去年	农户经济、态度和需求	今年	去年
油菜种植面积（亩）			家庭总收入（元）		
双低品种面积（亩）			家庭农业收入（元）		
油菜直播面积（亩）			外出务工收入（元）		
油菜移栽面积（亩）			家庭养殖收入（元）		
油菜播种期（大多数农户播种期）			农业补贴收入（元）		
油菜农机耕地播种面（亩）			家庭劳动力数量（人）		
油菜机械化收获面积（亩）			外出务工人数（人）		
油菜化肥施用量（市斤）			油菜化肥投入（元/户）		
油菜籽总产（市斤/户）			油菜农家肥施用量（市斤/户）		
油菜销售数量（斤/户）			油菜农药投入（元/户）		
从事油菜的劳动力（人/户）			油菜种子投入（元/户）		
油菜劳动力投入（工）			油菜农膜投入（元/户）		
劳动力价格（元/工）			油菜水电费（元/户）		
油菜除草次数（次）			油菜机械作业费（元/户）		
油菜抗旱次数（次）			油菜籽收购价格（元/市斤）		
油菜清沟排水次数（次）			预期油菜销售收入（元）		
油菜中耕次数（次）			油菜良种补贴到位（元）		
一类苗（≥9片叶）面积（亩）			粮食直接补贴到位（元/户）		
二类苗面积（7～8片叶）（亩）			农机补贴到位（元/户）		
三类苗面积（<6片叶）（亩）			其他补贴到位（元/户）		
主要病虫害发生情况（按顺序列3种）					
油菜主要自然灾害发生情况（按顺序列3种）					
对国家油菜政策是否支持（√）			支持　不支持		
农户油菜种植积极性（√）			高　中　低		

1. 你家属于下列哪一类型的农户？（　　）

　A. 纯农户（兼业收入比重<10%）

B. 农业为主，兼营非农业户（兼业收入比重10%～50%）

C. 以非农业为主，兼营农业户（兼业收入比重>50%）

D. 纯非农业户

E. 其他

2. 你家明年油菜种植面积计划种植多少（　　）亩？

3. 明年你家增加或减少油菜种植面积的原因（　　）（选择重要的3项）

A. 良种政策　　B. 菜籽价格上涨　　C. 生产资料成本

D. 劳动力投入高　　E. 劳动力缺乏　　F. 季节矛盾

4. 今年你家苗期油菜的长势如何？（　　）

A. 比去年好　　B. 持平　　C. 比去年差

5. 您所在附近是否有油菜专业协会？（　　）

A. 有　　B. 无

6. 如果有油菜专业协会，您加入了吗？（　　）

A. 有　　B. 没有

7. 油菜专业协会一般会给您提供哪些方面的帮助？（　　）（可多选）

A. 举办技术培训　　B. 购买良种　　C. 销售油菜籽

D. 提供市场信息　　E. 资金融通　　F. 统一组织病虫害防治服务

8. 下列油菜信息中，您最需要哪些信息？（　　）（可多选）

A. 病虫害防治技术　　B. 优良品种信息

C. 供求价格信息　　D. 农企信誉信息

9. 您一般会从哪里获取上述信息？（　　）（可多选）

A. 基层信息服务站　　B. 专业协会　　C. 农资经营门市

D. 地方政府　　E. 亲朋好友　　F. 村干部

G. 农技推广部门

10. 您希望农业技术部门采用哪些方式推广新技术、新产品？（　　）

A. 现场示范　　B. 定期咨询

C. 技术培训　　D. 由他们直接代替我们农民选择

11. 采用油菜新技术或新品种时，您主要考虑哪些因素？（　　）（可多选）

A. 产量　　B. 品质　　C. 市场销售情况

D. 种子价格　　E. 减少劳动投入　　F. 购种方便程度

12. 您希望您目前使用的油菜新品种在哪些方面得到改进？（　　）（可多选）

A. 抗虫性　　B. 抗病性　　C. 抗倒性

D. 千粒重　　E. 出油量　　F. 产量

G. 节约劳动

13. 您所在或者您所知道的附近油脂加工企业效益如何？（　　）

A. 盈利　　B. 亏损　　C. 已停业　　D. 已倒闭

14. 您家里的食用菜籽油来源（　　）？每年大概消费多少（　　）斤菜籽油？

A. 自产自用，由临近小作坊加工

B. 自产自用，由临近正规加工企业加工

C. 市场上购买正规食用油

15. 您家生产的油菜籽如何销售出去？（　　）

A. 农贸市场直接销售

B. 私人上门收购

C. 预定合同定购（如龙头企业等）

D. 通过专业合作社等农民合作组织

16. 国家出台明年油菜籽收购保护价为 2.20 元/斤，您认为是否合理（　　）

A. 是　　B. 否

如果不合理，您认为应该定为（　　）元/斤。

17. 您是否愿意从其他农户转包入土地来种植油菜？（　　）

A. 是　　B. 否

18. 如果您家有农民工返乡，是否愿意增加油菜的种植面积？（　　）

A. 是　　B. 否

后　　记

本书是在笔者博士论文基础上修改而成的。一直相信，我与母校华农是有缘分的。十年前，十七岁的我不顾家人的异议，笃定地选择华农。原因其实很简单，只因为看到了母校宣传海报上绿树如荫的校园。十年弹指一挥间，在这些年里，我在风景如画的华农收获了学业、友情、师生情与爱情，母校于我，恩情满满。

我的恩师冯中朝教授，高洁清风，学识渊博，胸怀博爱，是我人生道路上的楷模。冯老师耐心地指导我的论文写作，支持并且鼓励我在自己感兴趣的研究方向上探索。他时常教导我，在人生路上挫折常有，无惧挫折才是勇者。在我申请国家留学基金委资助项目以及在英留学期间，冯老师的鼓励与支持无时无刻地激励着我。他在电话中叮嘱我在异国他乡注意安全，照顾自己，这让我感到非常的温暖。

在英国 Harper Adams University 学习期间，十分感谢导师 Professor Brian Revell。Prof. Revell 细心地指导我的论文建模，每个周三与我讨论工作进展并及时指导我去解决遇到的困难，鼓励我大胆与独立地思考，严谨地写作，让我受益匪浅，我们是师生也是好友，感谢他对我的帮助与关心。

课题组如同一个大家庭，在这个大家庭中我感受到了家一般的温暖和情谊。十分感谢郑炎成教授、马文杰副教授和李谷成教授等给予的帮助，感谢赵丽佳博士和肖艳丽博士给予的鼓励与关爱，感谢吴清华博士、王璐博士、梅星星博士、阮公平博士、沈尧、戴育琴、冷博峰、李俊鹏、刘成、吴琪、钱涛、陈莎莎、余婷、叶磊，感谢好友黄琪、刘智和蔡勋等对我的帮助，他们陪伴了我的博士学习，见证了我的成长，与我一起分享快乐与感动。在论文写作过程中，我得到了国家油菜现代产业技术体系各试验站的研究人员的帮助，他们对我提出的问题进行耐心地解答，使我学习到了来自生产一线的知识，在此非常感谢！

在 HAU 学习期间，我结识了来自世界各地的朋友，我们互相帮助，一起旅行、爬山，通过交流了解不同的文化，度过了非常美好的时光。在此感谢好友 Fittonia 与她的未婚夫 Yannis，感谢好友 Sherwan、Tina、Maricruz、Bruno、Thuane、Guilherme、Michele、Steve、Robert、Sophie、Mary。感谢我的房东和忘年好友 Maureen Theaker，我们的相识是奇妙的缘分，正如她所说，人生处处有惊喜，愿我们永葆一颗纯真的心。

感谢父母对我的支持。一路走来，父母是我最坚实的后盾。感谢他们对我的良好教育与培养，感谢他们给予的无私的爱。感谢我的家人！在母校我也收获了爱情，与我的先生谢志坚博士相识相恋，十分感恩彼此的缘分。在博士学习期间，谢志坚博士给予了我学习与生活上极大的帮助与支持，特别是我在英国学习期间，谢志坚博士无私的支持与包容我，他的大度、温和与善良让我感动，我们是彼此最好的朋友和最亲近的爱人，谢谢你的爱！

贺亚琴
2022 年 5 月